So bleibt Ihr Hund *gesund*

Matthew Hoffman (Hrsg.)

So bleibt Ihr Hund *gesund*

Hausmittel, Rat und Hilfe von Experten

Bechtermünz Verlag

Inhalt

Vorwort

Eine Lanze für die Hausmittel

In den vielen Jahren, die ich nun schon als Tierärztin arbeite, ist es immer wieder vorgekommen, daß Leute ihren Hund nicht in meine Praxis bringen wollten. Sie ziehen es vor, die alltäglichen Probleme ihrer Tiere in der gewohnten Umgebung ihres Heims selbst zu behandeln – den Hunden gefällt dies auf jeden Fall besser.

In die Praxis zu kommen, ist gewöhnlich mit einer stressigen Autofahrt und natürlich auch mit einer mehr oder weniger hohen Tierarztrechnung verbunden. Außerdem haben viele Hunde solche Angst, daß sie im Wartezimmer pausenlos jaulen und sich nur widerstrebend in den Behandlungsraum ziehen lassen. Auch ohne diese Erfahrung leiden viele Menschen schon genug darunter, wenn ihrem Liebling etwas fehlt.

Natürlich gibt es Fälle, in denen Sie Ihren Hund unbedingt zum Tierarzt bringen sollten, zum Beispiel, wenn er plötzlich Haarausfall bekommt oder auf einmal anfängt zu beißen. Bei diesen und anderen potentiell ernsten Problemen braucht Ihr Hund professionelle Hilfe.

Es gibt aber auch vieles, das Sie zuhause kurieren können. Dieses Buch zeigt Ihnen, welche Leiden nur der Tierarzt behandeln kann und welche mit Hausmitteln zu kurieren sind. Die Herausgeber stützen sich dabei auf die Erfahrungen bekannter Tiermediziner und haben mit ihrer Hilfe über 1000 Heilmittel und -methoden zusammengetragen, die sowohl wirksam als auch sicher sind.

In vielen der Kapitel werden Sie einen Abschnitt finden, der den Titel „Wann muß der Hund zum Tierarzt?“ trägt. Lesen Sie diesen Abschnitt stets zuerst. Vielfach sind Probleme, die eigentlich harmlos aussehen, viel ernster, als man denkt. Wenn Sie unsicher sind, zögern Sie nicht, Ihren Tierarzt anzurufen. Er ist sicher gern bereit, Sie in allen Zweifelsfällen zu beraten.

Erfreuen Sie sich an diesem Buch. Ich habe es getan. Sie werden daraus viel über die allgemein verbreiteten Hundeprobleme lernen, aber auch, was Sie tun können, um Ihrem Hund zu einem glücklicheren, gesünderen Leben zu verhelfen.

Dr. med. vet. Amy Marder

Einführung

Gesundheitspflege vom ersten Tag an

Hunde werden überall gehalten, in gepflegten Appartements ebenso wie auf Bauernhöfen, in der Stadt und auf dem Land. Manche verdienen sich ihren Lebensunterhalt mit dem Hüten von Schafen, andere verbringen den Tag auf weichen Kissen und lassen sich mit Filetsteak verwöhnen.

All diese Hunde haben jedoch eines gemeinsam: Sie vergessen nie das Wichtigste in ihrem Leben. Ihnen ist es gleichgültig, ob es regnet, ob sich die unbezahlten Rechnungen stapeln oder ob die Busfahrer streiken. Das einzige, das ihnen etwas bedeutet, sind Sie. (Obwohl sie gegen einen bequemen Schlafplatz und eine leckere Mahlzeit natürlich auch nichts einzuwenden haben.)

Unsere Aufgabe ist es, den Hund glücklich und gesund zu erhalten. Hunde sind intelligent und unheimlich neugierig und neigen dazu, sich Hals über Kopf in irgendwelche Gefahren zu stürzen. Doch ein verletzter oder kranker Hund kann uns nicht sagen, was ihm fehlt, also müssen wir etwas Detektivarbeit leisten, um es herauszufinden.

Die fachkundige Behandlung durch den Tierarzt ist zwar durch nichts zu ersetzen, doch Sie können viel dazu beitragen, Ihren Hund gesund zu erhalten – und damit können Sie schon beginnen, bevor der Welpe überhaupt bei Ihnen eingezogen ist.

Wer die Wahl hat, hat die Qual

Die Anschaffung eines Hundes kann der Anfang einer wunderbaren Freundschaft sein. Die Auswahl des richtigen Tieres ist von enormer Bedeutung.

Betrachten Sie Ihren Lebensstil. Alle Hunde können angenehme Haustiere sein, doch es kann passieren, daß ihre Bedürfnisse mit Ihren eigenen in Konflikt geraten. Wenn Sie viel verreisen oder häufig lange arbeiten müssen, sollten Sie sich die Anschaffung eines Hundes lieber zweimal überlegen. Hunde sind gesellige Tiere, die viel Ansprache brauchen.

Wieviel Zeit haben Sie? Natürlich gibt es kaum etwas Niedlicheres als einen Welpen, doch haben Sie genug Zeit und Geduld, ihn zu erziehen und nahezu rund um die Uhr zu überwachen? Wenn nicht, ist es vielleicht ratsamer, einen ausgewachsenen Hund zu wählen.

Wenn Sie sich für ein Tier „aus zweiter Hand“ entscheiden, lassen Sie sich möglichst viel darüber erzählen. Laden Sie sich kein Tier auf, das mit allen möglichen Problemen belastet ist – es sei denn, Sie wissen im voraus, was auf Sie zukommt.

Sehen Sie sich um. Wenn Sie Ihr Herz an eine bestimmte Rasse gehängt haben, sollten Sie verschiedene Züchter besuchen. Wenn Ihnen die Abstammung aber gleichgültig ist, sehen Sie sich doch einmal beim örtlichen Tierschutzverein um.

Viele der besten Hunde der Welt kommen aus dem Tierheim, und man könnte das Gefühl bekommen, sie wüßten, daß man ihnen das Leben gerettet hat.

Den richtigen Tierarzt aussuchen

Einer der wichtigsten Menschen im Leben Ihres Hundes ist Ihr Tierarzt, auch wenn der Vierbeiner das vermutlich anders sieht. Ein guter Tierarzt sorgt nicht nur dafür, daß Ihr Liebling gesund bleibt, sondern auch dafür, daß Sie nicht unnötig leiden.

Den richtigen Tierarzt zu finden, ist fast genauso schwierig, wie den richtigen Arzt für sich selbst zu finden. Sie sollten sich unbedingt jemanden suchen, der die Qualitäten besitzt, die Ihnen wichtig sind.

Einige Punkte, die Sie bei der Auswahl Ihres Tierarztes berücksichtigen sollten:

- Nimmt er sich Zeit für Ihre Fragen? Geht er rücksichtsvoll mit Ihrem Hund um? Ist er Ihnen sympathisch?
- Behandelt er die Tiere nur ambulant oder kann er sie auch in stationäre Behandlung aufnehmen? Wenn ja, gibt es dann einen zuverlässigen Angestellten, der die Patienten rund um die Uhr bewacht?
- Ist er in Notfällen 24 Stunden erreichbar?
- Hat er getrennte Warteräume für Katzen und Hunde? Das ist wichtig, falls Ihr Hund auf Katzen losgeht.
- Sind die Mitarbeiter freundlich und hilfsbereit? Seinen Hund in guten Händen zu wissen, ist ein ungeheuer beruhigendes Gefühl.

Es spricht nichts dagegen, einen Tierarzt anzurufen und ihm zu sagen, daß man sein Tier gern zum Kennenlernen vorbeibringen würde. Auf diese Weise lernt man den Ort, der in der Gesunderhaltung des Hundes zukünftig eine wichtige Rolle spielen wird, am besten kennen.

Vorbeugen ist besser als heilen

Tierärzte sind sich einig, daß die beste medizinische Versorgung die tägliche Pflege ist. Viel Liebe, eine ausgewogene Ernährung, viel Bewegung und regelmäßige Fellpflege tragen dazu bei, Ihren neuen Hausgenossen glücklich und gesund zu erhalten.
Es ist viel besser und für das Tier natürlich angenehmer, Probleme zu vermeiden, anstatt sie zu kurieren.
Um zu verhindern, daß aus kleinen Problemen etwas Ernstes wird, muß man sie früh genug erkennen. Leute, die ihre Hunde gut kennen, merken manchmal schon, daß etwas nicht stimmt, bevor die ersten Anzeichen einer Krankheit auftreten.
Wir empfehlen, den Hund einmal wöchentlich vom Kopf bis zum Schwanz durchzuchecken. Das dauert nur ein paar Minuten und kann dazu beitragen, Probleme – und Kosten – zu vermeiden.
Beginnen Sie mit ausgiebigem Streicheln, denn es entspannt den Hund und stimmt ihn gnädig. Außerdem können Sie mit den Fingern ertasten, was dem Auge verborgen bleibt.

- Schuppen oder Schorf. Sie sind Anzeichen für Parasiten, eine Allergie oder eine Verletzung.
- Harte Schwellungen und Knochenauftreibungen. Sie sind gewöhnlich die Folge des normalen Alterungsprozesses, können aber auch auf entzündliche Vorgänge hindeuten. Sie früh zu entdecken, kann dem Hund viel Leid ersparen.
- Die Wirbelsäule. Wenn Sie jeden Rückenwirbel fühlen können, hat Ihr Hund möglicherweise aus irgendeinem Grund Gewicht verloren. Ist das Rückgrat aber überhaupt nicht zu spüren, sollten Sie das Futter reduzieren.
- Weiche Schwellungen. Abhängig von ihrer Lage können sie auf Parasitenbefall, eine Herzkrankheit oder sogar Krebs hinweisen.

Die Atmung kontrollieren. Wenn Ihr Hund nicht gerade hechelt, sollte sein Atem gleichmäßig und unhörbar sein. Angestrengtes Atmen oder rasselnde Atemgeräusche sind ein Grund, den Hund zum Tierarzt zu bringen.
Den Puls fühlen. Das Herz sollte kräftig und regelmäßig schlagen. Zum Pulsfühlen legen Sie Ihre Fingerspitzen auf die linke Körperseite, dicht hinter dem Ellenbogen. Zählen Sie 15 Sekunden lang mit und multiplizieren das Ergebnis dann mit vier.
Der normale Pulsschlag eines Hundes liegt zwischen 60 und 160 Schlägen pro Minute. (Bei Welpen liegt der Wert immer im oberen Bereich.)

Impftabelle

Die einfachste und wirkungsvollste Weise, Ihren Hund vor Krankheiten zu schützen, ist die regelmäßige Impfung. Zum Impfen müssen Sie den Hund zum Tierarzt bringen. Die meisten Tierärzte arbeiten nach dem

Empfohlene Impfungen für Hunde:

Krankheit	Erste Impfung im Alter von (Wochen)
Staupe	6–10
Hepatitis	6–8
Parvovirose	6–8
Bordetella bronchiseptica	6–8
Parainfluenza	6–8
Leptospirose	10–12
Tollwut	12
Coronavirose	6–8

*Abhängig vom Impfstoff

Schlägt das Herz Ihres ausgewachsenen Hundes deutlich schneller oder langsamer als hier angegeben, fragen Sie Ihren Tierarzt um Rat.

Die Ohren untersuchen. Das Ohrinnere muß hellrosa und sauber sein. Ein übler Geruch, Ausfluß oder Rötungen deuten auf eine Entzündung hin.

Die Augen untersuchen. Sie sollten klar sein und glänzen. Schwellungen, Blinzeln, Rötungen oder Ausfluß können Anzeichen für Probleme wie Bindehautentzündung oder eine Erhöhung des Augeninnendrucks sein.

Ins Maul schauen. Die gesunde Maulschleimhaut ist gewöhnlich rosa, manchmal aber auch bräunlich bis schwarz. Wenn Sie kurz auf das Zahnfleisch drücken, sollte es schnell wieder seine normale Farbe annehmen.

Achten Sie auf Schwellungen oder andere Veränderungen sowie auf Zahnstein und übermäßigen Mundgeruch. Der Atem Ihres Hundes darf Sie nicht in Ohnmacht fallen lassen.

untenstehenden Schema, Abweichungen sind jedoch möglich. Manche der Impfstoffe werden einzeln verabreicht, andere sind Kombinationspräparate, was den Vorgang natürlich erleichtert.

Zweite Impfung im Alter von (Wochen)	Dritte Impfung im Alter von (Wochen)	Wiederholungsimpfungen (Monate)
10–12	14–16	12
10–12	14–16	12
10–12	14–16	12
10–12	14–16	12
10–12	14–16	12
14–16	–	12
64	–	12 oder 36*
10–12	12–14	12

Gewöhnen Sie sich an, täglich nach Veränderungen Ausschau zu halten – im Appetit, der Gangart, dem Harn- und Kotabsatz und dem allgemeinen Verhalten. Wenn Sie etwas bemerken, das Sie beunruhigt, rufen Sie den Tierarzt an.

Sicherheit im Haushalt

Hunden haben stabile Krallen, scharfe Zähne und eine schier unbezähmbare Neugier. Diese Kombination kann gefährlich werden.
Die folgenden, von Tierärzten empfohlenen Maßnahmen schützen Ihren Hund in Haus und Garten vor vermeidbaren Unfällen.
Halten Sie Ihr Medizinschränkchen stets verschlossen. Hunde können Warnhinweise nicht lesen. Ein kindersicherer Verschluß ist noch lange nicht hundesicher. Wenn das heruntergestoßene Fläschchen auf dem Fußboden zerbricht oder der Hund eine Plastikflasche einfach kaputtbeißt, ist die beste Kindersicherung nutzlos.

Wenn Ihr Hund zu denen gehört, die jede Tür öffnen, sollten Sie sich Kindersicherungen für die Türen anschaffen.

Spülen Sie Reste sofort weg. Viele verbreitete Haushaltsprodukte wie Pestizide oder Frostschutzmittel sind giftig für Hunde. Ein paar Tropfen Frostschutzmittel zum Beispiel sind absolut tödlich.

Sperren Sie ihren Hund sicher ein, während Sie mit gefährlichen Stoffen arbeiten. Verschüttete Reste sollten Sie sofort wegspülen, bevor der Hund kommt, um sie zu untersuchen.

Vorsicht vor Ködern. Viele Gartenbesitzer streuen Schneckengift, ohne daran zu denken, wie gefährlich es für ihren Hund sein kann. Hunde sind ganz verrückt nach Schneckenködern, obwohl sie zum Teil extrem giftig sind.

Müllsäcke sicher verwahren. Hunde lieben es, Müllsäcke aufzureißen und nach etwas Eßbarem zu durchstöbern. Um ihnen Magenschmerzen und sich selbst das Chaos zu ersparen, sollten Sie die Säcke so verwahren, daß sie für Ihren Hund nicht zugänglich sind.

Gefährlicher Strom. Manche Hunde spielen gern mit Elektrokabeln – ein potentiell tödliches Spiel.

Ziehen Sie bei allen Geräten, die gerade nicht im Gebrauch sind, den Netzstecker heraus. Die übrigen Kabel sollten hinter Möbelstücken oder unter dem Teppich verlegt werden. Für den kurzzeitigen Schutz vor einem verspielten Welpen können Sie die Kabel auch mit einem

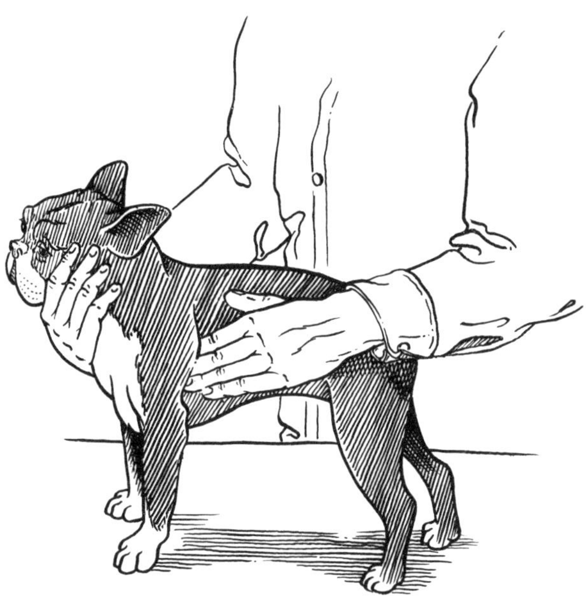

Zum Pulsfühlen legen Sie die Fingerspitzen auf die linke Brustseite direkt hinter dem Ellenbogen – also an die Stelle, an der das Vorderbein in den Rumpf übergeht.

Erste Hilfe-Ausstattung

Unfälle lassen sich nicht immer vermeiden, aber mit der richtigen Ausrüstung können Sie verhindern, daß sich kleine Probleme zu großen auswachsen.
Eine Erste Hilfe-Ausrüstung für Hunde bekommen Sie im Zoofachhandel, Sie können sie aber auch selbst zusammenstellen. Folgende Dinge sollten enthalten sein:

- Die Telefonnummer des Tierarztes sowie die Nummer des Tierärztlichen Notdienstes
- Ein Erste Hilfe-Handbuch für Hunde
- Verbandmull
- Klebeband
- Wundauflagen
- Eine Schere mit abgerundeten Spitzen
- Wasserstoffperoxid
- Augentropfen
- Pinzette
- Thermometer
- Einwegspritze (ohne Nadel) zum Eingeben von Medikamenten

breiten Klebeband am Boden festkleben oder mit einem Hunde-Fernhaltespray einsprühen, das Sie im Zoofachhandel bekommen.
Gefahr im Swimmingpool. Hunde können zwar schwimmen, doch aus einem Swimmingpool kommen sie aus eigener Kraft oft nicht wieder heraus. Aus diesem Grund sollten Sie Ihren Hund, vor allem, wenn er noch jung ist, nie unbeaufsichtigt in der Nähe des Pools herumlaufen lassen.

Die Kastration

Viele Leute bringen die merkwürdigsten Ausreden vor, wenn man sie fragt, warum sie ihre Hunde nicht kastrieren lassen. Manche fürchten, sie würden dadurch fett und faul. Andere scheuen das Operationsrisiko oder halten den Eingriff schlichtweg für widernatürlich.
Ihre Bedenken sind grundlos. Die Kastration läßt Hunde nicht fett werden und verändert auch nicht ihre Persönlichkeit. Natürlich ist kein operativer Eingriff vollkommen frei von Risiken, doch eine Kastration

birgt keine übermäßige Gefahr. Genaugenommen kann sie das Leben Ihres Hundes sogar verlängern, denn kastrierte Hunde leiden seltener unter bestimmten Tumoren, sie streunen weniger und haben weniger Kämpfe zu bestehen.
Obwohl die meisten Hundehalter gut auf ihre Tiere aufpassen, werden nach Schätzungen des amerikanischen Tierschutzbundes jedes Jahr rund fünf Millionen Hunde in Tierheimen eingeschläfert. Diese Zahl läßt sich nur verringern, wenn möglichst viele Hundebesitzer sich dazu entschließen, ihre Hündinnen und natürlich auch die Rüden kastrieren zu lassen.
Der beste Zeitpunkt für diesen Eingriff ist zwischen dem sechsten und achten Lebensmonat, aber natürlich können Sie auch einen älteren Hund ohne Probleme kastrieren lassen.

Die Erziehung

Eine harmonische Beziehung zu seinem Hund bekommt man nur, wenn man es schafft, sich ihm verständlich zu machen. Ihr Hund möchte Sie als Rudelführer betrachten können und wird alles daransetzen, Ihnen zu gefallen. Wenn er seine Grenzen kennt, wird er sich sicher fühlen, und das Belohnen erwünschter Verhaltensweisen fördert sein Selbstvertrauen.
Es gibt Hunde, die unzählige Kunststücke beherrschen, doch generell sollte jeder Hund fünf einfache Kommandos ausführen können: „Sitz", „Bleib", „Fuß", „Platz" und „Komm". Sobald er diesen Befehlen gehorcht, können Sie ziemlich sicher sein, daß er weder Ihre Gäste anspringt noch auf die Straße läuft oder beim Spaziergang im Wald plötzlich verschwindet. Mit diesen Kommandos haben Sie ihn unter Kontrolle.
Manche Leute haben ein „Händchen" für die Erziehung von Hunden, doch es ist keine Schande, professionelle Hilfe in Anspruch zu nehmen. In der Hundeschule wird nicht nur Ihr Hund etwas lernen, sondern auch Sie selbst. Außerdem trifft Ihr Hund dort andere Hunde und Menschen.
Manche Hundeschulen bieten auch Welpenkurse an. Suchen Sie sich einen aus, der nicht allzusehr nach Schule aussieht, sondern vielmehr nach einer Welpenparty, bei der junge Hunde, Kinder und Erwachsene durcheinanderwuseln.
Es ist natürlich das Beste, mit der Erziehung möglichst früh zu beginnen, doch auch alte Hunde können noch neue Tricks lernen. Arbeiten Sie viel mit positiver Verstärkung – das bedeutet Lob und Leckerbissen.

Nützliche Hausapotheke

Hunde sind uns Menschen sehr ähnlich – zumindest, was ihre Krankheiten betrifft. Auch sie leiden unter Verdauungsbeschwerden und Durchfall, Hautjucken und leichteren Infektionen. Außerdem wirken viele der Medikamente, die wir in diesen Fällen nehmen, auch bei ihnen.
Bevor Sie Ihrem Hund jedoch ein Medikament aus Ihrer eigenen Hausapotheke geben, sollten Sie unbedingt beim Tierarzt nachfragen. Hier einige Hinweise zur Behandlung mit Hausmitteln.

- Aspirin. Zur Schmerzlinderung und Fiebersenkung geben Sie auf fünf Kilogramm Körpergewicht etwa 80 Milligramm Aspirin.
- Paracetamol und Ibuprofen. Beide sind giftig für Hunde. Verwenden Sie sie nicht.
- Kaopektat. Dieses frei verkäufliche Medikament zur Beruhigung des Magens können Hunde alle vier Stunden bekommen. Man gibt einen Teelöffel voll auf fünf Kilo Körpergewicht.
- Dramamin. Kleine Hunde, die unter Reisekrankheit leiden, können vor Antritt der Fahrt 12,5 Milligramm Dramamin bekommen. Mittlere bis große Hunde werden 25 bis 50 Milligramm benötigen. Dramamin ist in Tabletten zu 50 Milligramm erhältlich, die sich leicht vierteln lassen. Gesunde Hunde vertragen Dramamin gewöhnlich gut, doch für Hunde mit einem Glaukom oder Blasenproblemen kann es gefährlich sein. Fragen Sie zur Sicherheit Ihren Tierarzt danach.

Spiel und Spaß

Sie sollten sich nicht wundern, wenn Ihr Hund dafür sorgt, daß Sie sich wieder wie ein Kind vorkommen. Sie werden mit ihm über Wiesen rennen, Bälle werfen, sich von ihm jagen lassen und sich ganz einfach verrückt aufführen. Hunde brauchen viel Bewegung – zwanzig Minuten zweimal täglich sind das absolute Minimum.
Um Spaß mit Ihrem Hund zu haben, müssen Sie nicht unbedingt mit ihm spazierengehen. In Zoogeschäften gibt es eine Vielzahl von Spielsachen für Hunde. Es muß allerdings nicht immer ein gekauftes Spielzeug sein. Ein in eine alte Socke eingenähter Tennisball wird genauso begeistert angenommen. Geben Sie Ihrem Hund gelegentlich ein neues Spielzeug und bleiben Sie dabei, wenn er damit spielt, denn zu zweit macht es einfach mehr Spaß. Ein Hund kann viel Freude in Ihr Leben bringen – und Sie in seines. Nutzen Sie diese Chance.

Aggression

Acht Methoden, einen Hund zu beruhigen

Zu einer Zeit, als das Futter noch nicht in Dosen serviert wurde und das Leben härter war als heute, brauchten Hunde eine gewisse Aggressivität sowie ihre Krallen und Zähne, um zu überleben.
Heutzutage kann es jedoch ziemlich gefährlich werden, wenn ein Hund seine Waffen einsetzt – bedroht sind nicht nur Sie selbst, sondern auch andere Haustiere.
Es gibt viele Gründe, warum Hunde wütend werden. Eine mögliche Ursache ist Angst, aber auch erlebte Mißhandlungen oder unsachgemäßer Umgang können einen Hund zubeißen lassen. Manche Besitzer ermuntern ihre Hunde auch zu rauhen Spielen und wundern sich dann, warum der Hund plötzlich zuschnappt. Lassen Sie Ihrem Hund sein aggressives Verhalten nicht durchgehen. Es wird sich mit Sicherheit nicht von selbst geben – wahrscheinlich wird es mit der Zeit sogar schlimmer, und früher oder später wird jemand verletzt werden.
Experten empfehlen folgende Maßnahmen, um einen Hund im Zaum zu halten:

Machen Sie ihm klar, wer der Boß ist. Wenn Ihr Hund das nächste Mal knurrt oder schnappt, sagen Sie streng „Nein!" Er muß merken, daß Sie mit seinem Verhalten nicht einverstanden sind. Er soll das Gefühl be-

Wann muß der Hund zum Tierarzt?

Ein empörtes Knurren, wenn ein Kleinkind seinen Schwanz packt, oder ein kurzes Schnappen, wenn ihn jemand berührt, ist nur der Anfang. Einen wirklich aggressiven Hund zu besitzen ist jedoch, als würde man mit einer geladenen Waffe leben.
In manchen Fällen ist ein schmerzhaftes körperliches Problem wie etwa Arthritis die Ursache für die Aggression. Viel öfter handelt es sich aber um Verhaltensstörungen, die nur schwer zu behandeln sind.
Wenn Ihr Hund auf einmal ungewohnt angriffslustig ist, versuchen Sie nicht, allein damit fertig zu werden, sondern rufen Sie sofort Ihren Tierarzt an – es besteht der Verdacht auf Tollwut.

kommen, so etwas lieber nicht noch einmal machen zu wollen. Achten Sie aber darauf, ihn nicht zu sehr zu erschrecken. Der Trick ist, streng, aber nicht zu dominant zu sein. Der Hund wird es bald begreifen.

Reagieren Sie sofort. Genau wie Kinder nutzen auch Hunde oft Gelegenheiten, sich aufzuspielen, wenn Sie zu beschäftigt sind, um etwas dagegen zu unternehmen. Reagieren Sie trotzdem. Wenn eine Ermahnung fruchten soll, muß sie innerhalb weniger Sekunden erfolgen.

Nehmen Sie eine Auszeit. Eine der besten Methoden, einen gereizten Hund zur Ordnung zu rufen, ist, ihn von dem zu trennen, was er am meisten liebt – von Ihnen. Setzen Sie ihn für etwa fünf Minuten in ein anderes Zimmer. Hunde schätzen es gar nicht, wenn man sie sich selbst überläßt.

Werden Sie deutlich. Hunde hassen laute Geräusche. Wenn Ihr Hund das nächste Mal aggressiv wird, schütteln Sie eine Klapperdose vor seiner Nase. Geben Sie ein paar Münzen in eine leere Getränkedose und kleben Sie die Öffnung zu. Macht Ihr Hund dann etwas, das er nicht soll, sagen Sie laut „Nein!" und schütteln die Dose. Das unangenehme Geräusch macht ihm schnell klar, was verboten ist.

Hände sind nur zum Streicheln da. Oft ist man versucht, seinem knurrenden Hund einen strafenden Klaps zu versetzen, doch diese Reaktion wird das Problem erfahrungsgemäß nur verschlimmern. Irgendwann wird der Hund schon aus Angst vor dem nächsten Schlag zubeißen.

Stellen Sie ihm Fremde vor. Hunde neigen dazu, ihr Heim zu beschützen und können sehr aggressiv reagieren, wenn Fremde – wie Lieferanten oder der Postbote – in ihr Revier eindringen. Um Ihren Hund an Besucher zu gewöhnen, sollten Sie einen Vorrat an Leckerbissen in der Nähe der Haustür aufbewahren. Drücken Sie jedem Besucher einen Hundekuchen in die Hand. Es wird Ihrem Hund schwerfallen, jemanden als Feind zu betrachten, der ihm etwas Eßbares entgegenhält.

Ein Knochen per Post. Postboten haben besonders oft unter der Aggression von Hunden zu leiden. Wenn Sie einen Briefschlitz in der Haustür haben, können Sie dafür sorgen, daß Ihr Postbote in Zukunft mit einem freundlichen Empfang rechnen darf. Kleben Sie einen Hundekuchen, Knochen oder ähnliches von außen an die Tür, das der Briefträger dann zusammen mit der Post durch den Schlitz werfen kann.

Hundeschule. Wenn Sie von vornherein vermeiden wollen, daß Ihr junger Hund später einmal Oberwasser bekommt, müssen Sie ihn entsprechend erziehen. In Welpenkursen lernt Ihr junger Hund andere Hunde und fremde Menschen kennen, und Sie lernen, ihn unter Kontrolle zu bekommen und zu behalten. Viele Hundeschulen bieten auch Kurse für zwölf bis sechzehn Wochen alte Welpen an.

Akne

Neun Methoden, die Haut wieder zu beruhigen

Rechnen Sie nicht damit, daß Ihr Dobermann eines Tages mit einer Tube Clearasil in der Pfote mißmutig in den Spiegel starrt. Doch auch, wenn die psychologische Belastung wegfällt, ist die Akne des Hundes genauso unangenehm und häßlich wie die des Menschen.

Die Pickel, die vorwiegend am Kinn und rund um die Augen entstehen, haben ihre Ursache in der bakteriellen Infektion verstopfter Talgdrüsen. Dazu kann es kommen, wenn durch das Kratzen mit der Hinterpfote Haarfollikel gereizt werden, wodurch sich die Drüsen entzünden. Andere mögliche Ursachen sind Allergien oder Hormonstörungen.

In der Regel haben nur jüngere Hunde unter Akne zu leiden. Aus bisher unbekannten Gründen sind meistens große Rassen wie Mastiffs und Doggen betroffen.

Tierärzte empfehlen folgende Maßnahmen zur Behandlung der Mitesser:

Tägliche Reinigung. Vorsichtiges Abwaschen mit einem Lappen und mildem Seifenwasser entfernt die oberflächlichen Bakterien und hilft, die verstopften Poren wieder zu öffnen. Am wirksamsten ist diese Maßnahme, wenn das Wasser etwas wärmer ist als die Körpertemperatur, aber natürlich nicht zu heiß. Reiben Sie das Gesicht des Hundes vorsichtig ab und spülen dann mit klarem Wasser nach, um die Seife zu entfernen.

Sie können jede milde Seife benutzen, sich aber auch im Zoogeschäft ein spezielles Hundeshampoo kaufen. Parfümierte Seifen sollten Sie nicht benutzen, denn sie können die Haut reizen.

Wärmepackungen. Eine andere Möglichkeit, die verstopften Poren wieder zu öffnen, ist die Anwendung von Wärme. Tränken Sie einen Waschlappen in warmem (nicht heißem) Wasser und drücken Sie ihn etwa fünf Minuten lang auf die befallenen Stellen. Setzen Sie diese Behandlung solange fort, bis die Mitesser verschwunden sind.

Echinacea. Diese infektionshemmende Heilpflanze kann wie ein mildes Antibiotikum wirken und die Akne von innen bekämpfen. Echinacea gibt es in der Apotheke. Geben Sie einem großen Hund eine halbe Menschendosis, einem mittleren Hund eine Vierteldosis und einem kleinen Hund ein Achtel der für Menschen empfohlenen Dosierung.

Ringelblume. Eine hochkonzentrierte Ringelblumentinktur kann die Hautinfektionen zum Abklingen bringen und die Heilung beschleunigen. Geben Sie sechs Tropfen in 30 Kubikzentimeter warmes Wasser und tragen Sie die Lösung zweimal täglich mit einem sauberen Gazetupfer auf.

Aloe Vera. Eine dünne Schicht Gel aus der Aloe Vera-Pflanze wirkt lindernd bei schmerzhafter Akne.

Keine Menschenmedizin. Aknemittel für Menschen sind für Hunde tabu. Sie können das Problem nur verschlimmern.

Nicht ausdrücken. Bei einem starken Ausbruch von Akne werden Sie vielleicht in Versuchung geraten, die Mitesser auszudrücken. Tun Sie es nicht. Erstens ist es schmerzhaft und zweitens kann sich das infizierte Material unter der Haut ausbreiten und eine tiefere Infektion verursachen.

Das Gesamtbild betrachten. In der Regel verschwindet die Akne nach ein paar Tagen von selbst; manchmal bleibt sie aber auch bestehen. Dann ist die Ursache möglicherweise etwas, dem der Hund ständig ausgesetzt ist – ein bestimmtes Flohhalsband oder ein Pestizid. Tauschen Sie das Flohhalsband versuchsweise gegen eines mit pflanzlichen Wirkstoffen.

Ursachenforschung. Wie beim Menschen kann die Akne auch bei Hunden durch Hormonschwankungen oder -störungen ausgelöst werden. Wenn das Problem immer wieder auftritt, kann es helfen, den Hund kastrieren zu lassen.

Altersbeschwerden

Zwölf Methoden, den Hund länger jung zu erhalten

Kommt es Ihnen vor, als wäre es erst gestern gewesen, daß Ihr Hund noch ein Welpe war, der versucht hat, seinen eigenen Schwanz zu fangen?
Genaugenommen ist das auch noch nicht so lange her. Die meisten Hunde werden nur 15 bis 16 Jahre alt, bei den größeren Rassen liegt die Lebenserwartung nur bei rund 10 Jahren.
Manche Hunde werden glücklich und zufrieden alt, während andere im Alter unter diversen Beschwerden zu leiden haben, von relativ harmlosen Wehwehchen bis hin zu Krebs.
Auch wenn Sie die Zeit nicht zurückdrehen können, gibt es doch einiges, das Sie tun können, um Ihrem Hund ein langes und relativ beschwerdefreies Leben zu ermöglichen.

Wann muß der Hund zum Tierarzt?

Ältere Hunde können unter diversen Beschwerden leiden, von denen einige harmlos sind, andere aber lebensbedrohlich sein können. Beim Auftreten der folgenden Symptome sollten Sie Ihren Hund zum Tierarzt bringen:

- Wenn Sie einen Knoten fühlen. Jede ungewöhnliche Veränderung der Haut kann ein Anzeichen von Krebs sein. Achten Sie besonders auf Veränderungen im Maul, weil Tumore dort besonders gefährlich sind. Andere Warnzeichen sind ein übler Geruch, ungewöhnliche Absonderungen oder Blutungen.
- Kurzatmigkeit. Sie kann ein Anzeichen für Herzbeschwerden sein.
- Appetitlosigkeit. Sie tritt nicht nur bei Nierenversagen auf, sondern auch bei anderen schweren Erkrankungen.
- Gewichtsverlust. Wenn Ihr Hund plötzlich dünner wird, müssen Sie den Tierarzt herausfinden lassen, woran es liegt.
- Gesteigerter Durst. Wenn Ihr Hund plötzlich mehr trinkt und häufiger uriniert, kann er nierenkrank sein oder unter Diabetes leiden.

Gesundes Futter – gesunder Hund

Die Untersuchungen sind zwar noch nicht abgeschlossen, doch Wissenschaftler vermuten schon jetzt, daß eine eiweiß- und phosphorarme Ernährung dazu beiträgt, das Fortschreiten eines Nierenleidens hinauszuzögern. Nierenversagen ist die dritthäufigste Todesursache unserer Haustiere.
Die Nieren sind für den Eiweißstoffwechsel zuständig, und weniger Eiweiß im Futter bedeutet weniger Arbeit für die Nieren.
Fragen Sie Ihren Tierarzt, ob eine eiweißarme Diät für Ihren Hund sinnvoll ist.

Regelmäßige Kontrollen. Wenn Ihr Hund ins mittlere Alter gekommen ist – also mit etwa sieben Jahren, bei den großen Rassen wie Wolfshund und Dogge etwas früher –, sollten Sie ihn mindestens einmal im Jahr vom Tierarzt durchchecken lassen.
Wenn Sie mit Ihrem Hund zum ersten Mal zum Check-Up kommen, wird der Tierarzt ihn vermutlich besonders gründlich untersuchen, damit Sie einen Überblick darüber bekommen, wie es ihm geht, wenn er gesund ist. Wenn er dann älter wird, können Sie eventuelle Veränderungen mit den ermittelten Werten vergleichen.
Bitten Sie Ihren Tierarzt ruhig auch, den Blutdruck Ihres Hundes zu messen. Ein zu hoher Bludruck kann Blindheit verursachen. Unbehandelt kann er außerdem einen Schlaganfall auslösen – es zahlt sich also aus, ihn im Auge zu behalten.
Für Bewegung sorgen. Die tägliche Bewegung hält Ihren Hund schlank und beweglich und hilft, Altersbeschwerden wie Arthritis oder Verdauungsprobleme zu vermeiden. Tierärzte empfehlen, mindestens zweimal täglich etwa zwanzig Minuten lang mit dem Hund „Gassi" zu gehen, wobei nach oben natürlich keine Grenzen gesetzt sind.
Gewichtskontrolle. Das Hauptproblem unserer Haustiere ist Übergewicht. Fettleibigkeit begünstigt Krankheiten wie Arthritis und Herzbeschwerden.
Ob Ihr Hund zu dick ist, sehen Sie, wenn Sie ihn von oben betrachten. Er sollte die Form einer Sanduhr haben, mit einer deutlichen Einbuchtung an der Taille. Wenn Sie über die Brustseiten streichen, sollten die Rippen zu fühlen sein.
Füttern Sie faserreich. Ein Futter mit erhöhten Fasergehalt ist zur Gewichtsreduzierung hervorragend gegeignet. Das faserreiche Futter wirkt zudem einer Verstopfung entgegen und fördert die Verdauung,

was es dem alten Hund ermöglicht, die Nährstoffe aus dem Futter besser zu verwerten.
Tierärzte empfehlen den Wechsel zu speziellem Fertigfutter für übergewichtige oder alte Hunde. Lassen Sie sich von Ihrem Tierarzt ein entsprechendes Produkt empfehlen.
Überstürzen Sie nichts. Eine ausgewogene Ernährung ist für alle Hunde wichtig, aber stellen Sie nicht abrupt die Ernährung um, wenn Ihr Hund schlank und gesund ist. Nicht alle alten Hunde haben Übergewicht. Ein gesunder alter Hund darf ruhig sein gewohntes Futter fressen.
Werten Sie das Dosenfutter auf. Tierärzte, die nach der ganzheitlichen Methode arbeiten, empfehlen, dem Hundefutter etwas Gemüse, Obst oder Getreide zuzugeben. Frisches Gemüse stärkt das Immunsystem und verhindert viele der Krankheiten, unter denen alte Hunde oft leiden.
Steigen Sie auf gesunde Häppchen um. Seinem Hund ein paar kleine „Häppchen“ zwischendurch zuzustecken, scheint ein wichtiger Bestandteil der Beziehung zwischen Hund und Mensch zu sein. Doch wenn Ihr Hund schon älter oder übergewichtig ist, kann dieser Liebesbeweis tödlich für ihn enden. Versuchen Sie es statt der gewohnten Leckerbissen doch einmal mit etwas Gesundem – zum Beispiel Möhrenschnitzen oder anderem Gemüse.
Die Alternative: Vitamine. Viele Tierärzte belohnen ihre Patienten nicht mehr mit Hundekuchen, sondern mit einer Vitamintablette.

Erleichterung durch Nadelstiche

Altersbeschwerden tun doppelt weh: zum einen Ihrem Hund und zum anderen Ihnen selbst, weil Sie nichts dagegen tun können und mit ihm leiden müssen.
Es gibt zwar Medikamente, die zum Beispiel bei Arthritis die Schmerzen lindern, doch sie sind nicht ohne Nebenwirkungen und zur dauernden Anwendung nicht geeignet. Manche Tierärzte gehen heute andere Wege. Die Akupunktur kann der Jungbrunnen für ältere Tiere sein. Diese alte chinesische Heilmethode – bei der Nadeln in Nervenzentren dicht unter der Haut gestochen werden – hilft vor allem bei schmerzhaften Knochen- und Gelenkerkrankungen und Allergien.
Auch wenn die Akupunktur solche chronischen Erkrankungen nicht heilen kann, lindert sie doch zumindest für eine Weile die Schmerzen. Sie ermöglicht es dem Tier, sich ein wenig besser zu bewegen.

Diese Tabletten sind kalorienarm und schmecken gut. In Zoogeschäften gibt es eine große Auswahl. Fragen Sie Ihren Tierarzt, welches Produkt er für Ihren Hunmd empfiehlt.

Schützen Sie das Herz. Beim Menschen haben Untersuchungen ergeben, daß die tägliche Einnahme der Vitamine C und E vor Herzkrankheiten schützt. Eine mögliche Dosierung sind mindestens 400 mg Vitamin C (größere Hunde können auch mehr bekommen) und 100–400 Einheiten Vitamin E pro Tag. Fragen Sie Ihren Tierarzt nach der richtigen Dosis für Ihren Hund.

Am einfachsten lassen sich diese Vitamine in flüssiger oder Pulverform verfüttern.

Für frisches Wasser sorgen. Viele ältere Hunde trinken nicht mehr genug und sind von Austrocknung bedroht. Es ist deshalb nicht verkehrt, mehrere Wassernäpfe im Haus aufzustellen. Das ist besonders wichtig, wenn der Hund sich nicht mehr so gut bewegen kann wie in seinen besten Jahren.

Messen Sie das Wasser morgens und abends ab, damit Sie sicher sein können, daß Ihr Hund trinkt.

Passen Sie gut auf ihn auf. Viele Hunde werden im Alter schwerhörig und erleiden deshalb leichter Unfälle. Lassen Sie ihn also vorsichtshalber nicht mehr unbeaufsichtigt draußen herumstreunen.

Erklären Sie es Ihren Kindern. Viele alte Hunde sind leicht reizbar. Die Kinder müssen lernen, wann der Hund seine Ruhe braucht, und respektieren, daß ihr Spielgefährte nicht immer für sie da ist.

Analbeutel-Probleme

Zwei Schritte, die für Erleichterung sorgen

Kommt es manchmal vor, daß Ihr Hund mit dem Hinterteil über den Boden rutscht oder sich plötzlich nach hinten umsieht, als hätte ihn etwas gestochen? Die Schuld an diesem Verhalten bekommen gewöhnlich Würmer zugeschoben, obwohl der Hund tatsächlich ein Problem mit seinen Analbeuteln hat.

Ihr Hund hat zwei Analbeutel, die beiderseits des Afters liegen. Diese Beutel enthalten ein stark riechendes Sekret, mit dem Hunde ihr Revier markieren und einander erkennen – deshalb riechen sie sich zur Begrüßung oft am After.

Normalerweise wird durch die Ausführungsgänge dieser Beutel bei jedem Kotabsatz etwas Sekret abgegeben. Wenn die Ausführungsgänge aber verstopft sind oder die Drüsen übermäßig viel Sekret produziert haben, kommt es zu Juckreiz oder einem Druckschmerz.

Am häufigsten leiden Zwerghunde unter diesem Problem, doch es kommt auch bei größeren Rassen vor. Experten empfehlen folgende Maßnahmen:

Wann muß der Hund zum Tierarzt?

Manchmal kann die Verstopfung der Analbeutel zuhause behandelt werden, aber es gibt auch Fälle, in denen der Hund fachmännische Hilfe braucht.

Wenn er bei der Berührung der Analregion offensichtlich Schmerzen hat oder wenn Schwellungen, Wunden oder Tumore zu sehen sind, muß er zum Tierarzt gebracht werden.

Gehen Sie mit ihm sofort zum Tierarzt, wenn sich die Beutel nicht ausdrücken lassen oder wenn das ausgetretene Sekret Blut, Eiter oder eine breiige, schwarze Substanz enthält. Wenn die Analbeutel Ihres Hundes häufiger verstopfen, wird der Tierarzt vielleicht zu ihrer operativen Entfernung raten. Die Operation ist zwar nicht einfach, aber manchmal unumgänglich.

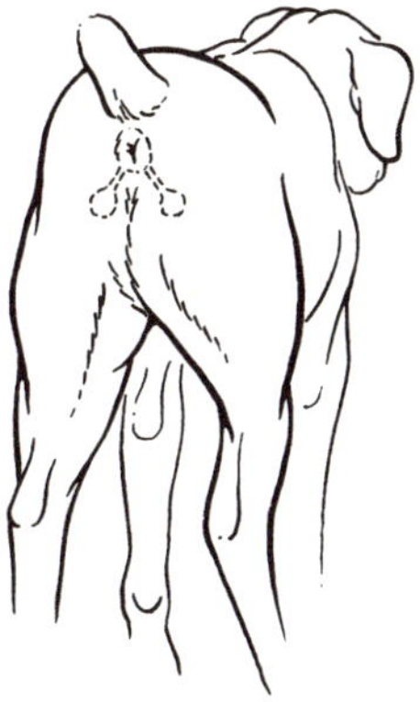

Die Analbeutel liegen auf der Fünf- und Sieben-Uhr-Position neben dem After.

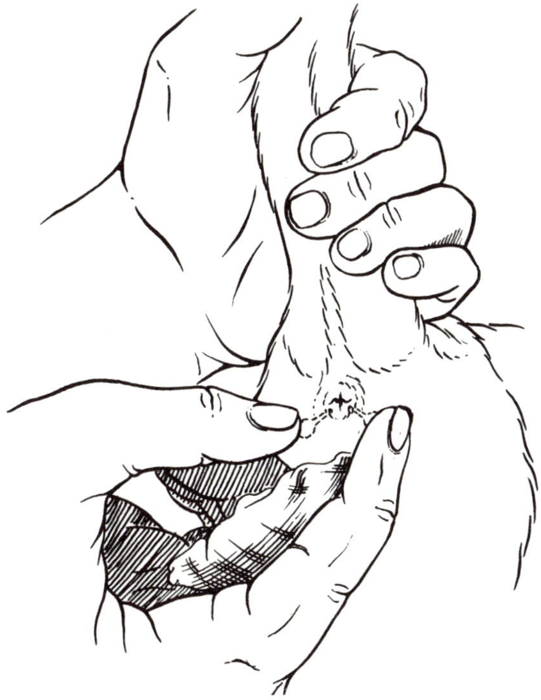

Drücken Sie mit Daumen und Zeigefinger vorsichtig nach innen, bis das Sekret abfließt.

Keine Essensreste verfüttern. Die Analbeutel sondern nur Sekret ab, wenn sie von relativ festem Kot dazu angeregt werden. Durch die Verfütterung von Essensresten kann der Kot weich werden, wodurch es zu einer Sekretstauung kommt. Um dies zu verhindern, sollten Sie Ihrem Hund keine Reste Ihrer eigenen Mahlzeiten geben.

Die Beutel ausdrücken. Auch wenn es keine angenehme Aufgabe ist, verschafft das Ausdrücken der Analbeutel dem Hund doch am schnellsten Erleichterung. Tierärzte leisten hierbei die beste Arbeit, weil sie die verschiedenen Techniken beherrschen, aber es spricht nichts dagegen, daß Sie es zunächst einmal selbst versuchen. Tierärzte empfehlen die folgende Vorgehensweise:

1. Setzen Sie den Hund in die Badewanne, damit Sie am Fell haftende Reste sofort abspülen können. Wenn Ihr Hund sich weigert, in die Wanne zu steigen, wählen Sie zumindest eine Fläche ohne Teppichboden und decken Sie den Fußboden mit Zeitungspapier ab.
2. Ziehen Sie Gummihandschuhe an. Es empfiehlt sich außerdem, ein paar Papierhandtücher oder einen feuchten Lappen bereitzuhalten, mit denen Sie das Sekret wegwischen können.

3. Knien Sie sich neben den Hund (wenn Sie ihn nicht auf einen Tisch gesetzt haben), heben Sie mit der einen Hand seinen Schwanz hoch und halten Sie das Papierhandtuch mit der anderen Hand vor den After. (Stellen Sie sich nicht direkt hinter das Tier – Sie könnten in die Schußlinie geraten.)
4. Tasten Sie mit den Fingerspitzen nach den Analbeuteln. Sie liegen rechts und links des Afters, etwa auf der Fünf- und Sieben-Uhr-Position.

Wenn die Beutel voll sind, müßten Sie sie als erbsengroße Schwellungen fühlen können. Legen Sie Daumen und Zeigefinger der Hand, die das Tuch hält, rechts und links neben die Afteröffnung und drücken sie sanft nach innen.
Achten Sie darauf, den After mit dem Tuch abzudecken. Sie können spüren, wie sich die Beutel beim Drücken entleeren. Die aus dem After austretende Flüssigkeit kann dünn oder dick sein und in der Farbe von gelblich bis hellgrau oder braun variieren.
Wenn anfangs nichts herauskommt, verändern Sie geringfügig die Position Ihrer Finger und versuchen Sie es erneut. Klappt es trotzdem nicht, lassen Sie sich vorsichtshalber vom Tierarzt zeigen, wie es gemacht wird. Drücken Sie nie zu stark, denn es tut Ihrem Hund weh. Außerdem könnten dadurch die Analbeutel beschädigt werden.

Anämie

Sieben Methoden, sie in den Griff zu bekommen

Ihr Hund saust normalerweise wie ein Derwisch im Haus herum, doch in letzter Zeit ist er sogar zu träge, um sich zum Futternapf zu schleppen?
Vielleicht wird Ihr Tierarzt feststellen, daß er unter einer Anämie leidet, einem Zustand, bei dem die roten Blutkörperchen nicht genug Sauerstoff transportieren, um ihn mit Energie zu versorgen. Anämie ist oft die Folge eines Blutverlusts, wie er zum Beispiel beim starken Befall mit Flöhen oder Hakenwürmern auftritt oder wenn der Hund ein blutendes Geschwür hat.
Da die Anämie nur ein Anzeichen für ein tieferliegendes Problem ist, muß Ihr Hund unbedingt in tierärztliche Behandlung. Es gibt jedoch auch einiges, das Sie zu seiner Genesung tun können.

Parasiten bekämpfen. Schon Welpen können von Flöhen attackiert werden oder sind schon bei der Geburt mit Hakenwürmern infiziert, die beide Blut saugen und eine Anämie verursachen. Bei starkem Befall kann der Hund bis zu einem Drittel seines Blutes an die Schmarotzer verlieren; ihre Bekämpfung ist also von größter Wichtigkeit.
Manche Parasiten wie etwa Flöhe sind leicht zu bekämpfen, bei anderen muß der Tierarzt geeignete Maßnahmen ergreifen.
Medikamente als Ursache. Manche Medikamente, wie zum Beispiel Aspirin, können Blutungen im Verdauungstrakt auslösen, und andere bringen das Immunsystem dazu, gesunde Blutzellen anzugreifen, was natürlich die Sauerstoff-Transportfähigkeit des Blutes verringert. Wenn Ihr Hund also einen trägen und lustlosen Eindruck macht, während er mit irgendwelchen Medikamenten behandelt wird, fragen Sie Ihren Tierarzt, ob ein Zusammenhang denkbar ist.
Fütterungstips. Um sich möglichst schnell von ihrer Anämie zu erholen, braucht Ihr Hund Futtermittel, die viel Eisen und Vitamin B enthalten, zum Beispiel gekochte Leber. Tierärzte empfehlen gewöhnlich etwa 60 Gramm Leber täglich ein bis zwei Wochen lang für einen kleinen Hund und das Doppelte für einen großen.
Eisenpräparate. Man bekommt sie in der Apotheke. Nehmen Sie aber nicht irgendeines, sondern fragen Sie Ihren Tierarzt nach einem Präparat, das für Hunde geeignet ist.

Wann muß der Hund zum Tierarzt?

Die Symptome mancher Formen der Anämie lassen sich mit Hausmitteln bekämpfen, doch der Auslöser der Krankheit muß vom Tierarzt behandelt werden.
Wenn Sie vermuten, daß Ihr Hund unter einer Anämie leidet, schauen Sie ihm ins Maul – die Schleimhäute sollen von einem gesunden Rosa sein (bei manchen Hunden sind sie allerdings von Natur aus braun oder schwarz). Wenn die Schleimhäute auffallend blaß sind, leidet der Hund vermutlich unter Anämie und muß zum Tierarzt.
Dasselbe gilt für die Schleimhäute der Augen. Ziehen Sie das untere Lid vorsichtig herunter und sehen Sie sich die Lidbindehaut an. Einige Hunde haben zwar auch hier dunkle Haut, doch in der Regel sind diese Bindehäute leuchtend rosa. Wenn das Rosa verwaschen und blaß ist, leidet der Hund wahrscheinlich an einer Anämie.

Vitamine. Dasselbe gilt für Vitamine, die bei manchen Formen von Anämie hilfreich sein können. Vitaminpräparate, die neben Vitamin B auch Eisen enthalten, gibt es im Zoofachhandel und beim Tierarzt. Zerdrücken Sie die Tabletten oder, wenn es Kapseln sind, öffnen Sie sie und mischen Sie das Pulver unter das Futter.
Nur das Beste füttern. Eisenmangel im Futter führt gewöhnlich nur bei sehr jungen Tieren zur Anämie, doch um auch bei einem ausgewachsenen Hund auf Nummer Sicher zu gehen, sollten Sie nur Markenfutter verwenden. Dabei spielt es keine Rolle, ob Sie Dosen- oder Trockenfutter den Vorzug geben. Vermeiden Sie auf jeden Fall No-Name-Produkte aus dem Supermarkt, denn sie können Nährstoffe enthalten, die der Hund nicht verwerten kann.
Sorgen Sie für Ruhe. In der Bewegung erhöht sich der Sauerstoffbedarf des Körpers, der bei anämischen Hunden ohnehin nicht gedeckt wird. Aus diesem Grund sollten Sie Ihren Hund nicht zum Spielen anregen, solange er krank ist.

Angst

Acht Methoden, einen verängstigten Hund zu beruhigen

Ein Gewitter verwandelt Ihren Golden Retriever in ein zitterndes Fellbündel? Sie können froh sein, wenn Sie Ihren Hund ins Auto bekommen, ohne daß er vor Angst vollkommen außer sich gerät? Ihr Tierarzt ist nicht gerade begeistert, wenn Sie mit Ihrem Hund kommen?
Wie Menschen können auch Hunde Phobien entwickeln – unbegründete Ängste vor fremden Menschen, Orten oder Tieren. Andere schreckliche Dinge sind laute Geräusche wie Feuerwerk, Schüsse oder Donner.
Die folgenden Tips können helfen, die Angst zu besiegen.

Auf Nummer Sicher gehen. Ihr erster Gedanke ist vermutlich, den armen, verschreckten Hund in die Arme zu nehmen. Tun Sie es nicht. Ein Hund, der vor Angst fast außer sich ist, wird mit Sicherheit um sich beißen. Warten Sie lieber ab, bis er sich etwas beruhigt hat.
Bleiben Sie ruhig. Versuchen Sie, Ihren Hund nicht merken zu lassen, wie sehr seine Panik Sie aufregt. Bleiben Sie ruhig und reden Sie betont gelassen mit ihm.
Sie können ihm auch einige einfache Übungen abverlangen, wie etwa Sitzen oder Liegen. Etwas so „Normales“ zu tun, wird ihn beruhigen.
Das Verhalten nicht belohnen. Wenn Ihr Hund Angst vor Gewitter hat und Sie ihn bei jedem Gewitter besonders verwöhnen, können Sie sicher sein, daß er in Zukunft bei jedem Gewitter eine große Show abzieht.
Es spricht natürlich nichts dagegen, einem nervösen Hund gut zuzureden oder ihn kurz zu streicheln. Sie dürfen es jedoch nicht übertreiben. Wenn er sieht, daß Ihnen das Gewitter nichts ausmacht, wird er sich vermutlich auch bald beruhigen.
Die Angst bekämpfen. Vielleicht sollten Sie versuchen, etwas gegen die Ängste Ihres Hundes zu unternehmen. Wenn er zum Beispiel Angst vor Fremden hat, bitten Sie einen Bekannten um Hilfe. Er soll sich zunächst in einer Entfernung aufstellen, die der Hund toleriert. Lassen Sie ihn allmählich immer näher herankommen, und wenn der Hund nicht flieht, belohnen Sie ihn mit einem Leckerbissen. Wenn Sie diese Übungen wochenlang wiederholen, wird es Ihrem Bekannten vielleicht irgendwann gelingen, Ihren Hund zu füttern.

Die Auslöser auf Band aufnehmen. Wenn Ihr Hund Angst vor Gewitter hat, spielen Sie ihm Gewittergeräusche vom Tonband vor. Beginnen Sie mit einer niedrigen Lautstärke und belohnen Sie Ihren Hund, wenn er dabei ruhig bleibt. Allmählich können Sie dann die Lautstärke steigern.

Vergnügungsfahrten. Um Ihren Hund ans Autofahren zu gewöhnen, sollten Sie ihm erlauben, immer ins Auto zu springen, wenn Sie dabei sind. Setzen Sie sich zu ihm und streicheln und verwöhnen Sie ihn. Irgendwann lassen Sie dann den Motor an. Wenn er sich daran gewöhnt hat, können Sie auch eine kleine Runde drehen, aber fahren Sie auf keinen Fall zum Tierarzt. Fahren Sie lieber in den Wald und machen Sie einen schönen Ausflug mit ihm.

Mit hoher Stimme sprechen. Manche Hunde bekommen Angst, wenn sie Männerstimmen hören. Männer haben eine tiefere Stimme, die den Hund an das Knurren eines Artgenossen erinnert. Versuchen Sie, mit hoher, fröhlicher Stimme zu sprechen, wenn Ihr Hund sich vor etwas fürchtet.

Lassen Sie Ängste nicht erst entstehen. Wenn Ihr Hund noch jung ist, können Sie ihn an alles gewöhnen, was er Ihrer Meinung nach kennen muß. Lassen Sie ihn von Fremden streicheln, fahren Sie Auto mit ihm und setzen Sie ihn gelegentlich auf einen Tisch, um ihm ins Maul zu schauen, seine Pfoten zu betrachten und ähnliches. Wenn Sie ihm bei diesen Gelegenheiten immer einen Leckerbissen zustecken, wird er sich schon bald darauf freuen, auf einen Tisch gehoben zu werden.

Anspringen

Elf Methoden, die die Unart im Keim ersticken

Springt Ihr Hund Sie an, wenn Sie morgens aufstehen? Wenn Sie vom Einkaufen kommen? Springt er beim Spazierengehen auch Kinder und ältere Leute an? Geben Sie es zu: Als er noch ein Welpe war, fanden Sie diese Angewohnheit ganz niedlich, doch mittlerweile ist sie nicht nur lästig, sondern auch gefährlich.
Ihresgleichen springen Hunde an, um ihre Dominanz zu zeigen oder den Artgenossen einfach nur zu begrüßen. Mit den folgenden Tips können Sie Ihrem Hund klarmachen, daß Sie kein Hund sind und dementsprechend auch nicht wie einer begrüßt werden wollen.

Wehret den Anfängen. Die einfachste Methode, das Anspringen zu vermeiden, ist, den Hund nie dazu zu animieren, auch nicht, solange er noch ein niedlicher Welpe ist.
Wenn er erst einmal gelernt hat, daß Menschen nichts dagegen haben, daß man an ihnen hochspringt, ist es fast unmöglich, ihm diese Unart wieder abzugewöhnen. Fängt Ihr Welpe also an, gegen Ihre Beine zu springen, schieben Sie ihn sanft weg und und sagen streng „Ab!".
Gutes Benehmen belohnen. Es ist wichtig, nicht nur zu schimpfen, wenn der Hund sich falsch verhält, sondern auch zu loben, wenn er etwas richtig macht. Loben Sie Ihren Hund jedesmal, wenn er aufs Anspringen verzichtet. Die positive Verstärkung erleichtert ihm das Lernen.
Kein großer Bahnhof. Ihr Hund wird viel ruhiger bleiben, wenn Sie ihn nicht überschwenglich begrüßen, wenn Sie abends nach Hause kommen.
Kommen Sie einfach zur Tür hinein, ohne den Hund anzusprechen. Wenn er Sie dann nicht anspringt, sollten Sie ihn kurz klopfen. Erst, wenn Sie beide zur Ruhe gekommen sind, können Sie anfangen, sich mit ihm zu beschäftigen.
Auge in Auge. Bleiben Sie nicht aufrecht stehen, nachdem Sie zur Tür hereingekommen sind, sondern gehen Sie schnell in die Hocke oder setzen Sie sich auf den Boden, bevor Ihr Hund Zeit hat, Sie anzuspringen. Er möchte Ihr Gesicht beschnuppern und Ihnen in die Augen sehen können, also tun Sie ihm den Gefallen.

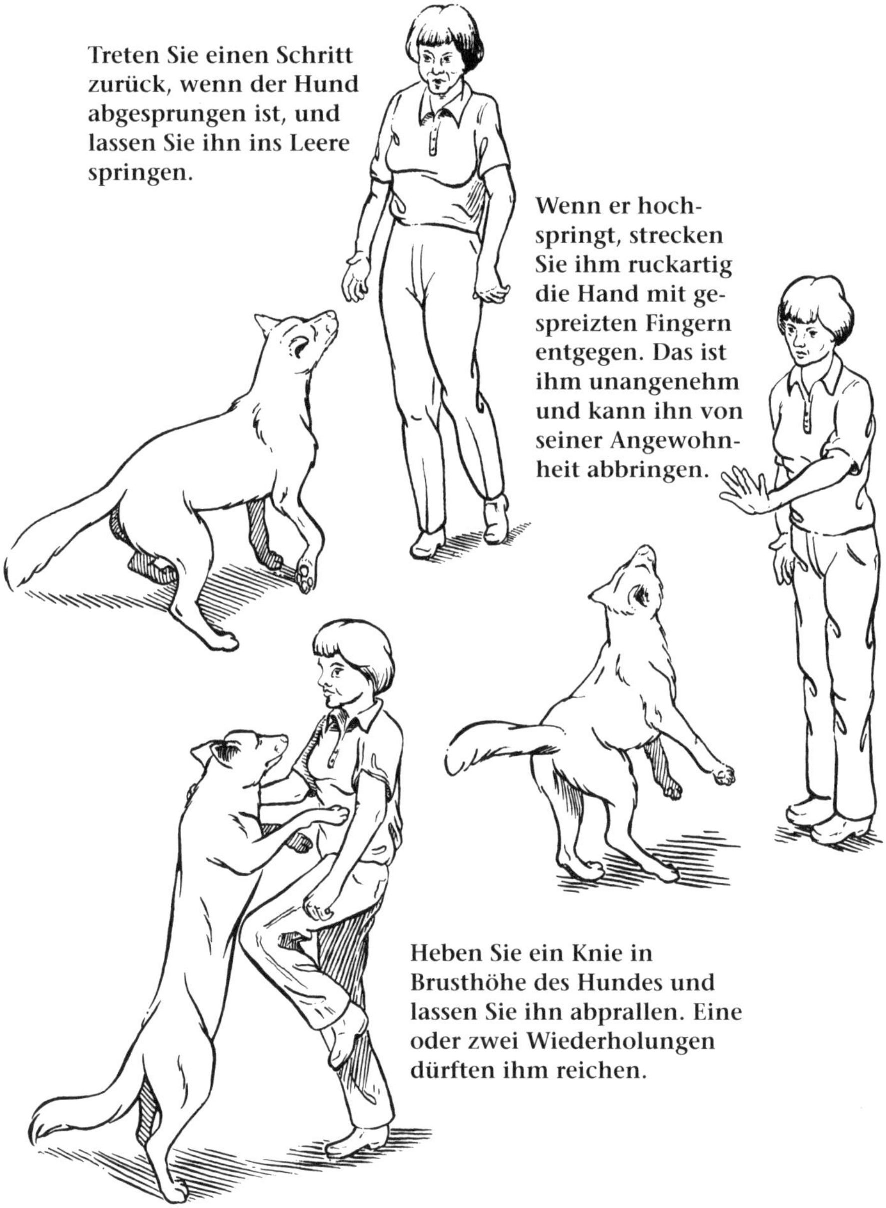

Treten Sie einen Schritt zurück, wenn der Hund abgesprungen ist, und lassen Sie ihn ins Leere springen.

Wenn er hochspringt, strecken Sie ihm ruckartig die Hand mit gespreizten Fingern entgegen. Das ist ihm unangenehm und kann ihn von seiner Angewohnheit abbringen.

Heben Sie ein Knie in Brusthöhe des Hundes und lassen Sie ihn abprallen. Eine oder zwei Wiederholungen dürften ihm reichen.

Besucherschutz. Selbst guterzogene Hunde finden es aufregend, wenn Besuch kommt. Am besten halten Sie Ihren Hund von der Tür fern, wenn Sie vermeiden wollen, daß er sich voller Begeisterung auf Ihre Gäste stürzt. Sperren Sie ihn in ein anderes Zimmer, bis alle Gäste sitzen. Erst dann lassen Sie ihn hinaus, damit er den Besuch begrüßen kann.

Ins Leere springen lassen. Wenn Ihr Hund das nächste Mal abspringt, machen Sie ein paar schnelle Schritte rückwärts, lassen ihn ins Leere springen und sagen streng „Ab!".
Er wird auf dem Boden landen und nicht begreifen, warum es nicht geklappt hat. Mit etwas Glück wird er es nach einigen weiteren Versuchen aufgeben.
Den Spieß umdrehen. Warten Sie, bis Ihr Hund noch etwa einen Meter entfernt ist und zum Sprung ansetzt. In diesem Moment gehen Sie einen oder zwei Schritte auf ihn zu und befehlen „Ab!". Hunde mögen es nicht, wenn man auf sie zukommt, während sie springen.
Wenn sich der Boden dazu eignet, können Sie beim Vorgehen auch mit dem Fuß aufstampfen. Das wird ihn irritieren, und Sie können den Augenblick der Verwirrung zum Loben nutzen.
Die Hand ausstrecken. Wenn Ihr Hund das nächste Mal an Ihnen hochspringt, strecken Sie ihm ruckartig eine Hand mit gespreizten Fingern entgegen und sagen gleichzeitig „Ab!". Die Hand muß genau auf sein Gesicht zufahren, darf es aber nicht berühren.
Alarm geben. Wenn Sie jedesmal einen Alarm auslösen, sobald Ihr Hund Sie anspringt, wird ihn dies vermutlich schnell kurieren. Die kleinen Alarmanlagen, die in die Hosentasche passen, gibt es im Elektrofachhandel, und sie stoßen ein schrilles Piepen oder Pfeifen aus. Ihr Hund wird das Geräusch hassen und schnell merken, daß es durch seine Springerei ausgelöst wird. Diese Lösung ist zwar nicht besonders elegant, aber wirksam.
Energische Abwehr. Ein Zusammenprall mit Ihrem Knie wird Ihrem Hund schnell klarmachen, daß er Sie nicht anspringen darf.
Ziehen Sie das Knie so weit an, daß es sich auf Brusthöhe Ihres Hundes befindet. Achten Sie aber darauf, ihn nicht zu hart zu treffen – Ihr Knie soll ihm nur den Weg versperren. Wenn der Hund dann wieder gelandet ist, lassen Sie ihn sitzen und belohnen Sie ihn dafür.
Diese Methode ist nur als letzter Ausweg zu betrachten, denn Ihr Hund kann sich dabei verletzen oder in Zukunft Angst vor Ihnen haben.
Hundeschule. Die beste Methode, einem Hund das Anspringen abzugewöhnen, ist, ihm die Kommandos „Sitz" und „Bleib" beizubringen. Wenn er diese Übungen beherrscht, brauchen Sie auch keine Angst mehr zu haben, daß er auf dem Spaziergang Fremde anspringt.
Diese grundlegenden Lektionen kann Ihr Hund in jeder Hundeschule lernen. Schauen Sie in die Gelben Seiten oder fragen Sie Ihren Tierarzt nach einer guten Schule.

Arthritis

Dreizehn Wege, die Schmerzen zu lindern

Humpelt Ihr Hund morgens durchs Haus wie ein Kriegsveteran? Dann leidet er möglicherweise unter Arthritis, also einer Gelenkentzündung. Es gibt verschiedene Arten von Arthritis, doch Hunde leiden am häufigsten unter der sogenannten Osteoarthritis, die auch degenerative Arthritis genannt wird und die nach Jahren harter Beanspruchung auftritt. Besonders gefährdet sind große Hunde.
Wenn ein Hund an Arthritis erkrankt ist, muß er vom Tierarzt behandelt werden. Er wird entzündungshemmende Medikamente wie Aspirin oder Kortison verschreiben oder eine Akupunkturbehandlung verordnen. Aber auch zuhause können Sie viel dazu beitragen, Ihrem Hund das Leben so angenehm wie möglich zu machen.

Die Last verringern. Übergewichtige Hunde erkranken leichter an Arthritis als ihre leichtgewichtigen Verwandten. Ist der Hund schon erkrankt, muß er unbedingt auf Diät gesetzt werden, um die Belastung der schmerzenden Gelenke zu verringern. Dazu gehört der Verzicht auf Leckerbissen und Essensreste. Sie können auch auf ein Fertigfutter mit weniger Fett und höherem Faseranteil umsteigen, dann nimmt der Hund weniger Kalorien auf, selbst wenn er die gewohnte Menge frißt.
Für Bewegung sorgen. Regelmäßige Bewegung hemmt das Fortschreiten der Arthritis. Aus diesem Grund raten Tierärzte oft, die betroffenen Hunde mehrmals täglich etwa 20 Minuten lang auszuführen.
Wenn 20 Minuten offensichtlich zu viel sind, versuchen Sie es mit kürzeren Ausflügen in leicht hügeligem Gelände. Auch Spaziergänge am Strand können helfen. Probieren Sie aus, was ihm gut tut und was nicht. Wenn er am nächsten Tag stärker lahmt, wissen Sie, daß Sie es übertrieben haben. Wenn Sie Ihren Hund genau beobachten, werden Sie schon bald wissen, was Sie ihm zumuten dürfen.
Von der Hütte zum Luxusheim. Wenn Ihr Hund im Zwinger schläft, achten Sie darauf, daß er in seiner Hütte vor Wind und Wetter geschützt ist. Decken Sie die Hütte mit einer Plane oder einer anderen Isolierung ab, die den kalten Wind fernhält.
Ein Plätzchen im Haus. Wenn es draußen kalt und feucht ist, wird Ihr Hund Schmerzen haben. Seine Gelenke werden es Ihnen danken, wenn Sie ihm erlauben, die Nacht im Haus zu verbringen.

Ein weiches Bett. Der Wechsel von einem harten Schlafplatz zu einer weichen Unterlage wird Ihrem Hund guttun. In den Wintermonaten wird er sich sicher gern auf einem Kissen aus synthetischem Fell zusammenrollen. Eine andere Alternative ist ein heizbares Hundebett.
Wärmeanwendungen. Feuchtwarme Umschläge um die erkrankten Gelenke bringen dem Hund viel Erleichterung. Sie können aber auch eine Wärmflasche mit warmem (nicht heißem) Wasser füllen und an das Gelenk legen oder ein feuchtwarmes Handtuch auflegen. Wärmen Sie das Gelenk zweimal am Tag morgens und abends etwa 15 Minuten lang gut durch. Es wird Ihrem Hund gut tun, vor allem morgens, wenn die Steifheit am stärksten ist. Ein Heizkissen sollten Sie nicht verwenden, vor allem dann nicht, wenn der Hund nicht mehr in der Lage ist, wegzugehen, wenn es ihm zu warm wird.
Massage. Haben Sie schon einmal unter verspannten Muskeln gelitten und sind dann massiert worden? Diese angenehme Erfahrung können Sie an Ihren Hund weitergeben. Kneten Sie die erkrankten Körperstellen und ihre nähere Umgebung mit weichen, kreisförmigen Bewegungen. Wenn der Hund hinterher entspannter aussieht als vorher, haben Sie es richtig gemacht.
Den Futternapf hochstellen. Wenn Ihr Hund einen steifen Hals hat, stellen Sie seinen Futter- und Wassernapf hoch, damit er mit erhobenem Kopf fressen kann. Sie können dazu einen kleinen Kasten verwenden oder einen entsprechenden Ständer im Zoogeschäft kaufen.
Hilfe auf der Treppe. Wenn Ihr Hund Schwierigkeiten hat, Ihre Eingangsstufen zu bewältigen, bauen Sie ihm eine Rampe. Wenn das nicht möglich ist, sollten Sie ihm auf der Treppe helfen.

Hunde, die unter Arthritis leiden, senken nicht gern den Kopf. Es ist eine große Erleichterung für sie, wenn Sie ihnen das Futter auf Maulhöhe servieren.

Mit einem um den Brustkorb gelegten Handtuch können Sie Ihrem Hund helfen, wenn ihm das Laufen schwerfällt.

Beim Aufstehen helfen. Hat Ihr Hund Probleme beim Laufen? Schlingen Sie ein Handtuch um seinen Brustkorb und helfen Sie ihm dabei. Wenn die starken Beschwerden allerdings anhalten, sollten Sie mit Ihrem Tierarzt über wirksamere Formen der Behandlung sprechen.
Aspirin. Bei Arthritis kann Aspirin eine große Hilfe sein. Die übliche Dosis sind 80 Milligramm auf jeweils fünf Kilogramm Körpergewicht zweimal am Tag. Das bedeutet, daß ein zwanzig Kilo schwerer Hund täglich zwei Tabletten bekommt, während bei einem Toypudel eine viertel Tablette schon fast zuviel ist. Am besten fragen Sie Ihren Tierarzt nach der genauen Dosierung für Ihren Hund. Denken Sie außerdem immer daran, daß Ihr Hund auf keinen Fall andere Schmerzmittel haben darf, wenn der Tierarzt es nicht ausdrücklich empfohlen hat.
Badefreuden. Schwimmen ist eine hervorragende Therapie, denn es erhält die Muskeln, ohne die Gelenke zu belasten. Viele arthritische Hunde schwimmen besonders gern. Gehen Sie mit Ihrem Hund zum nächsten See oder Swimmingpool – Hauptsache, er braucht nicht gegen hohe Wellen anzukämpfen. Sehr kleine Hunde kann man schon mit einer Badewanne voll lauwarmem Wasser glücklich machen. Lassen Sie Ihren Hund schwimmen, solange er Spaß daran hat und nicht müde wirkt. Es gibt natürlich Hunde, die sich weigern, auch nur in die Nähe von Wasser zu gehen. In diesem Fall bleibt Ihnen nichts anderes übrig, als auf diese wirksame Therapieform zu verzichten.
Warm anziehen. Wenn es draußen kalt ist, können Sie Ihrem Hund einen Pullover oder eine Jacke anziehen, denn die Arthritis ist besonders schmerzhaft, wenn die Gelenke auskühlen. Die meisten Zoogeschäfte führen eine Auswahl an Kleidungsstücken für Hunde.

Augenreizungen

Fünf Wege, den Tränenfluß in den Griff zu bekommen

Verbringt Ihr Hund viel Zeit damit, sich mit der Pfote über die verklebten Augen zu wischen?
Wahrscheinlich hat er eine Bindehautentzündung. Die Bindehaut überzieht die Innenseiten der Augenlider und den Augapfel. Allergien, Reizungen durch Fremdkörper und Staupe können zu verklebten, juckenden Augen führen, die übermäßig tränen oder sogar eitern.
Tierärzte empfehlen folgende Maßnahmen, um die Beschwerden zu lindern:

Die Augen säubern. Um die Heilung zu beschleunigen und es dem Hund leichter zu machen, sollten Sie die Absonderungen aus den Augenwinkeln entfernen.
Augenspülungen. Anstelle von Wasser können Sie zum Entfernen der Absonderungen auch ein mildes Augenbad verwenden. Sie bekommen es im Zoofachhandel oder in der Apotheke.
Künstliche Tränen. Um die Partikel wegzuspülen, die die Augen reizen, können Sie künstliche Tränenflüssigkeit in die Augen träufeln.
Warme Umschläge. Eine feuchtwarme Kompresse lindert die Beschwerden. Tauchen Sie ein weiches, sauberes Tuch in warmes Wasser, wringen Sie es aus und legen Sie es für etwa fünf Minuten über die Augen Ihres Hundes.
Zugluft vermeiden. Wenn Sie Ihren Hund im Auto mitnehmen, achten Sie darauf, daß er keiner Zugluft ausgesetzt ist. Ihm könnten Schmutzpartikel in die Augen geraten, und eine Bindehautentzündung ist vorprogrammiert.

Wann muß der Hund zum Tierarzt?

Eine Bindehautentzündung ist zwar einfach zu behandeln, doch da jede Entzündung im Bereich des Auges bleibende Schäden nach sich ziehen kann, sollten Sie nicht zögern, Ihren Hund zum Tierarzt zu bringen. Er wird Antibiotika verabreichen und Ihnen vermutlich auch eine Augensalbe mitgeben.

Austrocknung

Sieben Wege, den Körper mit Wasser zu versorgen

Man sieht es zwar nicht, doch im Innern Ihres Hundes befinden sich Unmengen von Wasser, das gebraucht wird, um Ionen, Proteine und Nährstoffe durch den Körper zu befördern.
Der Flüssigkeitshaushalt des Körpers muß unter allen Umständen aufrechterhalten werden. Deshalb ist eine Austrocknung – ein Verlust von Körperflüssigkeit durch Erbrechen, Durchfall, Überhitzung oder zu wenig Trinkwasser – sehr gefährlich. Die Anzeichen dafür sind ein trockenes Maul, eingesunkene Augen, eine Verringerung der Elastizität in der Haut und vollkommene Erschöpfung. Dieser Zustand muß unbedingt vom Tierarzt behandelt werden. Die folgenden Tips sollen Ihnen helfen, eine Austrocknung von vornherein zu verhindern.

Für Wasser sorgen. Hunde schwitzen kaum – sie haben nur einige wenige Schweißdrüsen zwischen den Zehen –, doch sie verlieren viel Flüssigkeit über die ausgeatmete Luft. Sorgen Sie dafür, daß Ihrem Hund immer genug Wasser zur Verfügung steht. Am besten stellen Sie zwei oder mehr Wassernäpfe an verschiedenen Orten auf.
Nicht zuviel auf einmal. Wenn Ihr Hund längere Zeit nichts zu trinken hatte und dann gleich eine große Schale Wasser austrinkt, kann es sein, daß er das Wasser sofort wieder erbricht und dabei noch mehr Flüssigkeit verliert.
Lassen Sie Ihren durstigen Hund nur eine kleine Menge trinken und nehmen Sie ihm dann das Wasser für einige Minuten weg.

Wann muß der Hund zum Tierarzt?

Durstige Hunde brauchen meistens nicht mehr als etwas Ruhe und so viel Wasser, wie sie möchten. Wenn der Hund aber schon ausgetrocknet ist, können einige seiner Körperfunktionen versagen.
Um festzustellen, ob Ihr Hund ausgetrocknet ist, ziehen Sie eine Hautfalte an seinem Rücken hoch. Wenn diese sich nach dem Loslassen sofort wieder glättet, ist alles in Ordnung. Bleibt sie aber bestehen, ist der Hund ausgetrocknet und muß sofort zum Tierarzt.

Wenn Sie wissen wollen, ob Ihr Hund ausgetrocknet ist, ziehen Sie eine Hautfalte am Rücken hoch. Wenn sie sich nicht sofort wieder glättet, muß der Hund zum Tierarzt.

Elektrolyte verabreichen. Wenn Ihr Hund austrocknet, verliert er gleichzeitig wichtige Elektrolyte, also Minerale wie Natrium und Kalium, die elektrische Impulse durch den Körper befördern.
Normales Trinkwasser ersetzt die meisten dieser Elektrolyte, doch ein ausgetrocknetes Tier erholt sich schneller, wenn Sie ihm ein Elektrolytgetränk geben, wie es überall im Handel ist.
Versuchen Sie es mit Gatorade. Wenn Ihr Hund nicht trinken will, können Sie versuchen, ihn mit einem elektrolytreichen Sportgetränk wie Gatorade zu locken. Vielleicht mag er den süßen Fruchtgeschmack – das kommt auf einen Versuch an.
Eiswürfel. Ein Hund, der lange Zeit kein Wasser hatte, wird unter Umständen Mühe haben, Wasser bei sich zu behalten. In diesem Fall ist ein Eiswürfel eine hilfreiche Alternative. Während er an dem Eis leckt, gelangt langsam wieder Flüssigkeit in seinen Körper.
Ins Maul schauen. Manchmal hören Hunde auf zu trinken, weil ihnen ein Fremdkörper im Maul steckt. Schauen Sie ihrem Hund ins Maul. Wenn Sie dort etwas finden, das Sie nicht selbst entfernen können, bringen Sie den Hund zum Tierarzt.
Wasser auf Reisen. Sorgen Sie dafür, daß Ihr Hund Wasser hat, auch während Sie selbst nicht zuhause sind. Auch auf Reisen dürfen Sie das Wasser nicht vergessen. Im Zoofachhandel gibt es eine große Auswahl an Wasser- und Futternäpfen für unterwegs.

Autokrankheit

Zehn Tips, ihm das Autofahren angenehmer zu machen

Sie wollen einen gemütlichen Sonntagsausflug machen, aber Ihr Hund jault pausenlos im Auto, der Speichel tropft aus seinem Maul, er erbricht und ist unter seinem Fell vermutlich schon ganz grün.
Viele Hunde, vor allem Jungtiere, vertragen das Autofahren nicht. Es besteht jedoch Hoffnung, daß sie sich mit zunehmender Erfahrung daran gewöhnen.
Bis es so weit ist, müssen Sie Ihren Hund jedoch nicht zuhause lassen. Hier ein paar Tips, wie Sie seinen Magen ruhig und Ihre Polster sauber halten.

Mit leerem Magen reisen. Füttern Sie Ihren Hund sechs bis acht Stunden vor der Abfahrt nicht mehr. Mit leerem Magen wird er wahrscheinlich nicht erbrechen, und wenn es doch passiert, ist das Erbrochene leichter zu entfernen. Wasser sollte ihm jedoch zur Verfügung stehen, denn es belastet den Magen nicht.
Oder eine kleine Mahlzeit geben. Manche Hunde reisen besser mit leerem Magen, während andere sich wohler fühlen, wenn sie etwas im Magen haben. Eine kleine Mahlzeit reicht aus, damit ihnen nicht übel wird.
Häufige Pausen. Manche Hunde können stundenlang autofahren, andere begrüßen es, wenn das Fahrzeug öfter mal eine Weile zum Stehen kommt. Machen Sie spätestens alle zwei Stunden eine Pause, damit Ihr Hund sich die Beine vertreten kann. In den Pausen sollten Sie ihm auch etwas Wasser anbieten, denn viele Hunde trinken nicht im Auto.
Vorsichtig fahren. Mit einem autokranken Hund an Bord sollten Sie genauso vorsichtig fahren wie mit einem autokranken Kind. Rasen Sie nicht um Kurven und fahren Sie allgemein etwas langsamer als gewöhnlich.
Lassen Sie ihn vorn sitzen. Auf den Vordersitzen ist die Bewegung des Wagens weniger stark zu spüren als auf dem Rücksitz. Es kann also helfen, wenn Sie dem Hund erlauben, auf dem Beifahrersitz Platz zu nehmen. Große Hunde sollten Sie mit einem Geschirr sichern, kleine sind in einer Transportbox am besten aufgehoben, die aber ebenfalls angeschnallt werden sollte.

Gute Aussichten. Hunde werden, genau wie Menschen, eher autokrank, wenn sie nicht aus dem Fenster sehen können. Sorgen Sie dafür, daß Ihr Hund etwas von der Landschaft sehen kann, dann wird er die Fahrt vermutlich besser überstehen.

Für Frischluft sorgen. Frische Luft hilft bei Reisekrankheit. Öffnen Sie die Fenster aber nicht so weit, daß der Hund seinen Kopf hinausstrecken oder hinausspringen kann.

Medikamentelle Hilfe. Dimenhydrinat (Dramamin), das Menschen gegen Reisekrankheit einnehmen, hilft auch Tieren. Kleinen Hunden gibt man spätestens eine Stunde vor Antritt der Fahrt 12,5 Milligramm des Medikaments, große können 25 bis 50 Milligramm bekommen.

Dramamin ist in Form von 50 Milligramm-Tabletten erhältlich, die sich leicht in Stücke brechen lassen. Die meisten gesunden Hunde vertragen es, aber fragen Sie vorsichtshalber Ihren Tierarzt, bevor Sie es verwenden.

Angstpartien vermeiden. Bei vielen Hunden ist nicht das Autofahren an sich das Problem, sondern ihre Angst. Wenn Sie Ihren Hund nur ins Auto setzen, um mit ihm zum Tierarzt zu fahren, ist es kein Wunder, daß er sich bei jeder Fahrt aufregt. Nehmen Sie ihn aber gelegentlich auf kurze Fahrten mit, bei denen ihm nichts passiert, wird er schon bald gelernt haben, das Fahren nicht mit dem Tierarzt in Verbindung zu bringen.

Helfen Sie ihm, die Furcht zu überwinden. Manche Hunde geraten in Panik, sobald sie sich in einem fahrenden Auto befinden. Um sie von ihrer Angst zu befreien, müssen Sie ihnen beibringen, daß das Auto auch ein angenehmer Ort sein kann. Setzen Sie Ihren Hund ins Auto, ohne den Motor zu starten. Geben Sie ihm einen Leckerbissen. Das wiederholen Sie sieben bis zehn Tage lang. Irgendwann lassen Sie dann den Motor an. Loben Sie ihn und geben Sie ihm Leckerbissen – wieder mehrere Tage lang.

Sobald er sich an den Aufenthalt im Auto gewöhnt hat, können Sie erste kurze Fahrten wagen. Fahren Sie zunächst nur um den Block, und wenn alles gutgeht, können Sie bald auch längere Touren unternehmen.

Autos jagen

Sieben Wege, ihm den gefährlichen Spaß zu verderben

Manche Hunde rennen begeistert hinter Stöcken oder Tennisbällen her, doch es gibt auch viele, die gerne Autos jagen. Für einen Hund ist es normal, seine Beute zu verfolgen, Tiere zu hüten oder Eindringlinge zu vertreiben. Diese angeborenen Verhaltensweisen sind die Ursache für das verhängnisvolle Spiel, das oftmals mit dem Tod endet.
Die folgenden Tips können helfen, Ihrem Hund sein gefährliches Hobby zu verleiden.

Leinenhilfe. Um Ihrem Hund seine Grenzen zu zeigen, legen Sie ihm ein Zughalsband an und befestigen eine drei bis fünf Meter lange Leine daran. (Achten Sie beim Anlegen darauf, daß die Ringe für die Leine oben im Genick liegen, damit sich das Halsband schnell wieder lockert.) Dann bitten Sie jemanden, den der Hund nicht kennt, mit dem Auto an Ihrem Grundstück vorbeizufahren. Wenn der Hund dann losstürmt, lassen Sie ihn ein paar Meter laufen und nehmen dann die Leine auf, unterstützt von einem energischen „Nein!“. Diese Aktion wird ihn nicht nur stoppen, sondern auch überraschen und ihm beibringen, daß es keine gute Idee ist, Autos nachzujagen. Üben Sie jeden Tag etwa dreißig Minuten lang. Loben Sie ihn, wenn er den vorüberfahrenden Autos nur noch hinterherschaut.
Sagen Sie es mit Ballons. Auch die folgende Methode verspricht Erfolg – auch wenn der Hund dabei ziemlich naß werden könnte.

- Die Vorbereitung: Füllen Sie mehrere Luftballons mit Wasser und verstecken Sie sich dann auf dem Rücksitz eines Wagens, den Ihr Hund nicht kennt. In der Zwischenzeit sollte jemand Ihren Hund auf dem Grundstück an der Leine halten.
- Der entscheidende Schlag. Fahren Sie langsam am Haus vorbei, bis Ihr Hund die Verfolgung aufnimmt. Wenn der Hund bis auf wenige Meter herangekommen ist, lassen Sie den Fahrer anhalten und werfen Sie die wassergefüllten Ballons auf Ihren Hund. Er wird vollkommen überrascht sein und sich vermutlich überlegen, ob es klug ist, eine solche Attacke ein zweites Mal zu riskieren.

Wiederholen Sie die Prozedur mehrere Tage lang. Die Methode ist nicht unfehlbar, doch in manchen Fällen hat sie zum Erfolg geführt. Vergessen Sie nicht, Ihren Hund zu loben, wenn er die Jagd aufgibt.

Die Ringe des Zughalsbandes müssen im Genick liegen, damit das Eigengewicht der Kette sie schnell wieder lockert, sobald Sie die Leine lockerlassen.

Lautstarke Abschreckung. Auch bei dieser Methode lassen Sie sich an Ihrem Haus vorbeifahren, nur daß Sie diesmal mit einem batteriebetriebenen Nebelhorn bewaffnet sind. Wenn Ihr Hund die Verfolgung aufnimmt, lassen Sie das Horn ertönen. Hunde hassen laute Geräusche, und mit etwas Glück wird dieser Angriff auf das Gehör Ihren Hund dazu bringen, sein Hobby aufzugeben. Ein Nebelhorn bekommen Sie beim Schiffsausrüster.

Die sicherste Methode. Wenn Sie ganz sicher gehen wollen, daß Ihr Hund keine Autos jagt, müssen Sie dafür sorgen, daß er nicht auf die Straße laufen kann. Halten Sie ihn im eingezäunten Garten und lassen Sie ihn beim Spazierengehen keinen Augenblick aus den Augen.

Den Jagdtrieb befriedigen. Ein Hund, der ausreichend Bewegung hat, wird vielleicht von selbst aufhören, Autos zu verfolgen. Manche Hunde sind so gelangweilt und unausgelastet, daß sie Autos jagen, nur um überhaupt etwas zu tun. Gehen Sie zweimal täglich mit Ihrem Hund spazieren. Das Minimum sind 20 Minuten. Wichtig ist aber auch, daß Sie seinen Jagdtrieb befriedigen. Lassen Sie ihn hinter einem Ball oder einem Stock herjagen, bis er müde wird.

Schicken Sie ihn in die Schule. Natürlich dauert es eine Weile, bis Ihr Hund unfehlbar auf die Kommandos „Stop!“ oder „Halt!“ reagiert, doch diese Erziehung in der Hundeschule kann sein Leben retten.

Zeigen Sie ihm seine Grenzen. Wenn Ihr Garten nicht eingezäunt ist, sollten Sie sich einen Hundeausbilder suchen, der Ihrem Vierbeiner klar macht, wohin er gehen darf und wohin nicht. Hat der Hund erst begriffen, wo die Grenzen liegen, wird er sie auch respektieren.

Beißen

Zehn Wege, die eigene Haut zu retten

Junge Hunde lieben es, auf etwas herumzukauen – auf Möbeln, Schuhen und auch auf Ihnen. Und da Welpen so süß sind, kann wohl niemand widerstehen, die eigene Hand als „Kauobjekt" anzubieten.
Doch was bei einem Welpen noch niedlich und vor allem harmlos ist, kann bei einem ausgewachsenen Hund ziemlich schmerzhaft werden. Zudem schlägt dieses Spiel später leicht in echte Aggression um. Deshalb ist es wichtig, selbst spielerisches Beißen schon im Keim zu ersticken.

Für ausreichend Spielzeug sorgen. Hunde sind darauf angewiesen, ihre Zähne zu benutzen. Geben Sie Ihrem Hund genug Spielzeug, damit er diesen Drang ausleben kann. Besonders gern kauen Hunde auf Gegenständen aus Gummi- oder Rohleder herum.
Retten Sie Ihre Haut. Hunde kauen auf allem, was man ihnen anbietet, und wenn es sich dabei zufällig um Ihre Hand handelt, lernen sie ein gefährliches Spiel. Wenn Sie nicht wollen, daß Ihr Hund irgendwann richtig zubeißt, verbieten Sie ihm, Ihre Hand als Kauknochen zu betrachten.
Reagieren Sie wie ein Hund. Wenn Ihr Hund das nächste Mal auf Ihrer Hand herumkaut, stoßen Sie doch einmal ein schrilles Fiepen aus,

Spielerei oder bitterer Ernst?

Daß junge Hunde gelegentlich beißen, ist ganz normal. Mit zunehmendem Alter sollten sie jedoch lernen, ihren Übermut zu zügeln und auch im Spiel ein paar einfache Regeln einzuhalten.
Bei manchen Hunden wird aus den spielerischen Angriffen irgendwann blutiger Ernst. Sie sind aggressiver als normal und wollen ihre Besitzer dominieren.
Das erreichen sie, indem sie knurren, wenn sich jemand ihrem Futter nähert, oder beißen, wenn man sie streicheln will.
Jede Form der Aggression kann gefährlich werden – nicht nur für Sie und Ihre Familie, sondern letzten Endes auch für den Hund selbst. Wenn Ihr Hund übermäßig aggressiv ist, fragen Sie Ihren Tierarzt, woran es liegen könnte und was Sie dagegen tun können.

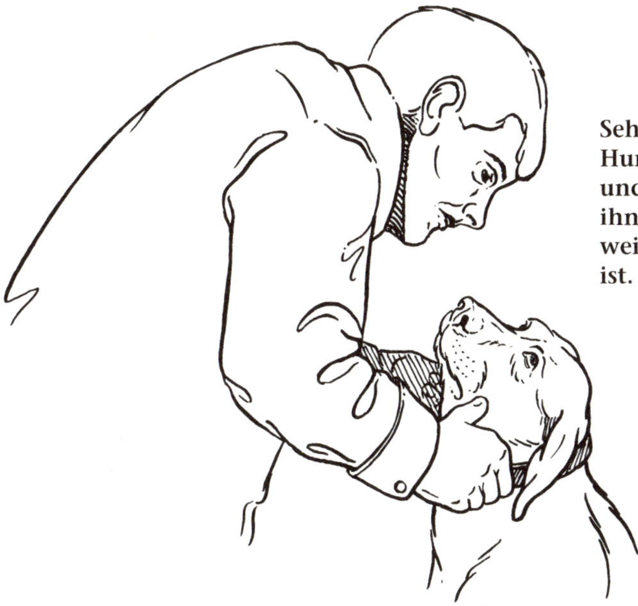

Sehen Sie Ihrem Hund in die Augen und schütteln Sie ihn durch, damit er weiß, wer der Boß ist.

wie es ein anderer Hund tun würde. Daran merkt Ihr Hund, daß er zu weit gegangen ist. Sie erkennen, daß es ihm leid tut, wenn er anfängt, die „Wunde“ zu lecken.

Den Spieß umdrehen. Wenn Ihr Hund das nächste Mal versucht, Sie mit seinen Zähnen zu dominieren, sehen Sie ihm direkt in die Augen und sagen laut „Nein!“. Dann ignorieren Sie ihn ein paar Minuten lang. Irgendwann wird er begreifen, daß Ihnen seine Art zu spielen nicht gefällt.

Schlagen Sie Ihren Hund nicht, wenn er beißt. Dadurch würde er handscheu und wird in Zukunft vielleicht aus Angst beißen.

Der Wassertrick. Wenn Ihr Hund das nächste Mal zuschnappt, geben Sie einen gutgezielten Schuß aus einer Blumenspritze ab. Ist er erst einmal ein paarmal naß geworden, wird er sich überlegen, Sie weiterhin als Kauknochen anzusehen.

Früh übt sich. Junge Hunde sind Fremden gegenüber manchmal etwas schüchtern und schnappen zu, wenn ihnen jemand die Hand entgegenstreckt. Um das zu vermeiden, bürsten Sie Ihren Junghund mehrmals am Tag und bitten Sie Ihre Freunde, ihn bei jeder Gelegenheit zu streicheln. Je mehr Fremde ihn liebkosen, desto zutraulicher wird er.

Abwehren mit Lärm. Wenn Sie Ihrem Hund das Beißen abgewöhnen wollen, schütteln Sie jedesmal, wenn er es tut, eine Blechdose mit ein paar Münzen vor seiner Nase. Hunde hassen das scheppernde Geräusch und werden bald lernen, daß es nur auftritt, wenn sie beißen.

Kräftig schütteln. Wenn Ihr Hund das nächste Mal zuschnappt, packen Sie sein Halsband mit beiden Händen und halten seinen Kopf fest. Sehen Sie ihm direkt in die Augen, schütteln Sie seinen Kopf und sagen Sie streng „Schluß!“. Damit machen Sie ihm klar, daß Sie der Boß sind.

Nach jeder dieser Lektionen halten Sie ihm den Handrücken hin. Wenn er wieder danach schnappt, schütteln Sie ihn erneut. Wenn er sich davon jedoch nicht beeindrucken läßt, brauchen Sie professionelle Hilfe.

Die rote Karte. Hunde sind gesellige Tiere, die es hassen, wenn man sie ausschließt. Wenn Ihr Hund das nächste Mal zuschnappt, sperren Sie ihn für etwa fünf Minuten in ein anderes Zimmer. Irgendwann wird er begreifen, daß seine Unart mit Einsamkeit bestraft wird.

Lassen Sie ihn sitzen. Hunde, die das Kommando „Sitz“ beherrschen, sind in schwierigen Situationen leichter zu beherrschen als solche, die grundsätzlich tun, was sie wollen. Wenn Ihr Hund aus der Rolle fällt, befehlen Sie ihm, sich hinzusetzen – damit zeigen Sie ihm, wer der Boß ist.

Bellen

Fünfzehn Wege, für Ruhe zu sorgen

Gehört Ihr Hund zu denen, die alles „kommentieren“ müssen, ob nun ein Blatt vom Baum fällt, der Briefträger kommt oder draußen auf der Straße ein Auto bremst?
Zu bellen ist ganz normal für einen Hund, und in gewissen Grenzen müssen Sie es tolerieren. Wenn Ihr Hund aber so viel bellt, daß es Ihnen und Ihren Nachbarn auf die Nerven geht, müssen Sie etwas unternehmen. Probieren Sie die folgenden Tips:

Für Bewegung sorgen. Lange Spaziergänge oder intensive Spielstunden sorgen dafür, daß der Hund ausgelastet ist. Mit etwas Glück wird er danach nicht mehr den ganzen Tag bellen, sondern einen Großteil des Tages verschlafen.
Kauen beruhigt. Ihr Hund wird keine Zeit zum Bellen haben, wenn er mit einem Knochen oder einem Kauspielzeug beschäftigt ist. Geben Sie Ihrem Hund etwas zum Kauen, kurz bevor Sie das Haus verlassen.
Die Einsamkeit bekämpfen. Bellt Ihr Hund hauptsächlich, wenn Sie nicht zuhause sind? Reiben Sie vor dem Verlassen des Hauses sein Kauspielzeug zwischen den Händen. Ihr Geruch sorgt dafür, daß Ihr Hund Sie während Ihrer Abwesenheit nicht allzusehr vermißt.
Geräusche von draußen überdecken. Reagiert Ihr Hund auf jedes Geräusch, das von draußen hereindringt? Lassen Sie das Radio laufen, dann bekommt er nicht mehr alles mit, was draußen vorgeht.
Hausputz zur rechten Zeit. Auch das Geräusch des Staubsaugers übertönt Geräusche, auf die der Hund normalerweise heftig reagiert. Wenn Ihr Hund zum Beispiel jedesmal wie verrückt bellt, wenn der Postbote kommt, nutzen Sie diesen Augenblick zum Staubsaugen.
Nehmen Sie ihn ernst. Manchmal hilft es, den Hund zu loben, wenn er bellt. Vielleicht will er Ihnen etwas mitteilen, und wenn Sie darauf eingehen, ist er zufrieden, weil er sein Ziel erreicht hat.
Auf Ruhezeiten bestehen. Manche Hunde bellen weiter, auch nachdem sie ihrer „Meldepflicht“ Genüge getan haben. Sagen Sie streng „Ruhig“, aber schreien Sie Ihren Hund nicht an. Wenn er daraufhin blinzelt und schweigt, loben Sie ihn überschwenglich.
Es schadet auch nicht, ihm gelegentlich einen Leckerbissen zu geben, wenn er ruhig ist. Damit lenken Sie ihn vom Bellen ab und zeigen ihm, welche Vorteile sein Schweigen hat.

Lassen Sie ihn allein. Manche Hunde hassen es, zu bellen, wenn ihnen niemand zuhört. Wenn all ihre Befehle keine Wirkung zeigen, verlassen Sie den Raum. Vielleicht merkt er auf diese Weise, daß Ihnen sein Verhalten nicht gefällt.
Zum besseren Verständnis können Sie vor dem Gehen eine Glocke läuten oder eine Stimmgabel anschlagen. Lassen Sie das Geräusch ein paar Sekunden lang wirken, und wenn Sie das Gefühl haben, daß der Hund es wahrgenommen hat, gehen Sie. Im Laufe der Zeit wird er merken, daß Sie jedesmal den Raum verlassen, wenn das Geräusch ertönt, und irgendwann wird er schon still sein, sobald er es hört.
Die Klapperdose. Sie wirkt auf Hunde wie ein Fingernagel auf einer Schultafel auf uns Menschen. Geben Sie ein paar Münzen in eine leere Getränkedose und kleben Sie dann die Öffnung zu. Wenn Ihr Hund Ihre Kommandos ignoriert, schütteln Sie die Dose ein paarmal.
Eine kalte Dusche. Um Ihrem Hund klarzumachen, daß Sie gern etwas Ruhe hätten, sagen Sie streng „Nein“, gefolgt von einem Schuß Wasser aus einer Blumenspritze. Wenn Ihr Hund kein Wasser mag, wird er vermutlich sofort aufhören zu bellen. Zielen Sie nach Möglichkeit auf seinen Körper, nicht ins Gesicht.
Den Postboten als Helfer gewinnen. Gerät Ihr Hund jedesmal außer sich, wenn jemand vor Ihrer Tür steht? Eine Möglichkeit, dieses Problem zu lösen: Bitten Sie Ihren Postboten, dem Hund einen Leckerbissen durch den Briefschlitz zu werfen. So lernt er, vor der Haustür stehende Menschen nicht länger automatisch als Feinde zu betrachten.
Lassen Sie ihn im Haus schlafen. Lebt Ihr Hund normalerweise im Zwinger und bellt dort die ganze Nacht? Holen Sie ihn ins Haus, denn dort gibt es nicht so viele Dinge, die er anbellen muß.

Das 1 x 1 des Bellens

Also gut, Ihr Hund ist nicht gerade Lassie. Wenn er bellt, bedeutet es nicht „Komm schnell, Timmy ist in den Brunnenschacht gefallen!“ Doch auch bei einem ganz normalen Hund können Sie herausfinden, was sein Gebell zu bedeuten hat.
Hunde können in den unterschiedlichsten Tonlagen bellen. Wenn Ihr Hund zum Beispiel zwischen den einzelnen „Bellern“ immer wieder winselt, will er Ihnen damit sagen, daß er Angst hat oder nicht möchte, daß Sie ihn verlassen. Ein Hund, der lange Zeit in immer derselben Tonlage bellt, ist wahrscheinlich gelangweilt. Ein übermütiges Bellen ist als Aufforderung zum Spiel zu verstehen. Wenn Sie genau zuhören, werden Sie bald wissen, was Ihr Hund Ihnen sagen will.

Das Kopfgeschirr, das unter dem Namen „Halti" im Handel ist, ähnelt einem Pferdehalfter.

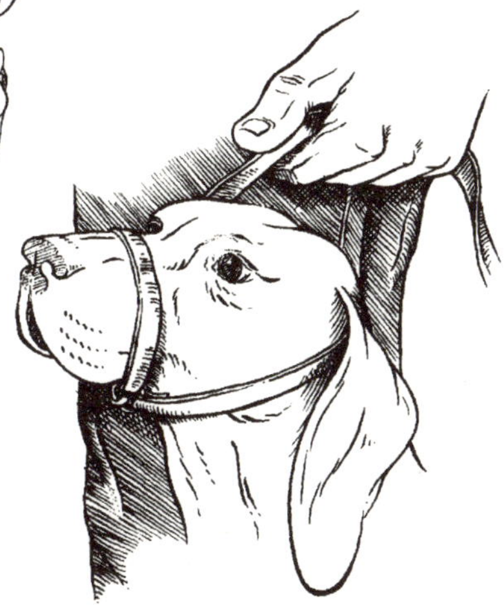

Wenn Ihr Hund bellt, ziehen Sie kurz an der Leine. Der Druck des Nasenriemens ermahnt ihn zur Ruhe.

Mit sanftem Druck arbeiten. Viele Experten empfehlen die Verwendung eines Kopfgeschirrs, das einem Pferdehalfter sehr ähnlich ist. Wenn Sie an der Leine ziehen, wird das Maul des Hundes für die Dauer des Zugs sanft zugedrückt. Das Schöne daran ist, daß Sie nicht mit Ihrem Hund schimpfen müssen – Sie brauchen nicht einmal mit ihm zu reden, denn das Halfter spricht eine deutliche Sprache.

Das Kopfgeschirr ist wesentlich humaner als jedes Würgehalsband, und bei manchen Hunden zeigt sich die Wirkung schon nach ein oder zwei Übungsstunden.

Letzter Ausweg: Schocktherapie. Nach Rücksprache mit Ihrem Tierarzt können Sie Ihrem Hund als letzte Maßnahme ein Anti-Kläff-Halsband umlegen, das bei jedem Bellen entweder einen hochfrequenten Ton von sich gibt oder dem Hund einen leichten Elektroschock versetzt. Manche dieser Halsbänder wirken sofort, andere lassen eine bestimmte Anzahl von Bellern zu. Sie sind sehr wirksam, sollten aber nur unter Anleitung eines erfahrenen Ausbilders verwendet werden.

Rechtzeitig eine neue Strategie anwenden. Viele Leute wissen nicht, wann Sie aufhören sollen, nach einer bestimmten Methode zu verfahren. Sie versuchen monatelang erfolglos, ihrem Hund das übermäßige Bellen abzugewöhnen – dabei reichen drei bis fünf Tage aus, um festzustellen, ob eine bestimmte Strategie funktioniert oder nicht.

Betteln

Neun Tips, die Bettelei bei Tisch zu unterbinden

Ihnen geht das Herz über, wenn Sie sehen, wie liebevoll Ihr Hund zu Ihnen hochschaut? Fällt Ihnen auch auf, daß er nicht Sie ansieht, sondern Ihre Gabel? Hier geht es nicht um Liebe. Es geht um Ihr Essen. Er möchte es haben – und zwar sofort.
Es ist schwer, dem Betteln eines Hundes zu widerstehen, aber wenn Sie einmal nachgeben, werden Sie nie mehr in Ruhe essen können. Also beweisen Sie Stärke und verteidigen Sie Ihre Mahlzeiten – die folgenden Ratschläge werden Ihnen dabei helfen.

Füttern Sie ihn zuerst. Wenn Ihr Hund satt ist, wird er vermutlich nicht betteln – verlassen können Sie sich darauf aber nicht.
Werden Sie nicht weich. Egal, wie erwartungsvoll er zu Ihnen aufschaut, denken Sie immer daran, daß Ihr Hund gut und regelmäßig gefüttert wird und auf Ihr Essen nicht angewiesen ist.
Reste nur aus dem Futternapf. Wenn Sie etwas essen, das dem Hund nicht schadet, und beschließen, ihm etwas davon zu geben, bieten Sie es ihm nach Beendigung Ihrer Mahlzeit in seinem eigenen Futternapf an.
Gesetz ist Gesetz. Normalerweise reicht es, wenn Sie Ihre Stimme erheben, sobald das Betteln zu dreist wird. Wenn nicht, besorgen Sie sich eine Fahrradhupe oder benutzen Sie eine Klapperdose. Sie werden sie nur wenige Male brauchen. Eine Klapperdose können Sie aus einer leeren Getränkedose herstellen. Stecken Sie einige Münzen hinein und kleben Sie danach den Schlitz zu.
Schießen Sie scharf. Manche Hunde sind besonders dreist und springen sogar auf den Tisch, um sich selbst zu bedienen. In solchen Fällen kann ein gutgezielter Schuß aus einer wassergefüllten Blumenspritze Wunder wirken.
Platzverweis. Wenn Ihr Hund Ihnen beim Essen zu sehr auf die Nerven geht, sagen Sie „Nein“ und befördern Sie ihn in ein anderes Zimmer. Wahrscheinlich wird er empört bellen, aber das sollten Sie ignorieren, bis Sie aufgegessen haben. Irgendwann wird Ihr Hund lernen, daß er nur ausgesperrt wird, wenn er bettelt.
Der Klebeband-Trick. Geht Ihr Hund auch auf den Arbeitsplatten der Küche auf Nahrungssuche? Wenn ja, kleben Sie einige Streifen doppel-

Geben Sie ein paar Münzen in eine leere Getränkedose und kleben Sie den Schlitz zu.

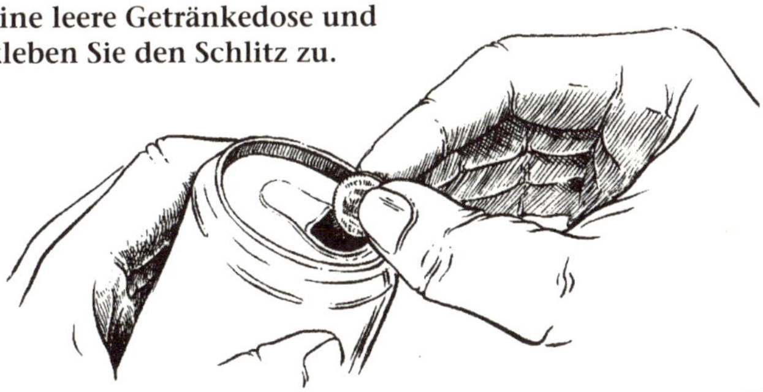

Wenn Ihr Hund bettelt, schütteln Sie die Dose, damit er lernt, daß Sie seine Bettelei nicht dulden.

seitiges Klebeband an strategisch wichtige Punkte. Dann ziehen Sie sich zurück und warten. Hunde hassen es, wenn ihnen die Pfoten festkleben, und die meisten werden danach keinen zweiten Versuch machen. Kaufen Sie aber vorsichtshalber eine große Rolle, falls Ihr Hund zu den besonders hartnäckigen Exemplaren gehört.

Geben Sie nach – aber nur ein bißchen. Viele Leute haben einfach zu viel Freude daran, ihrem Hund bei Tisch etwas zuzustecken, als daß sie damit aufhören könnten. Für sie empfiehlt sich eine Kompromißlösung. Reichen Sie Ihrem Hund doch einmal etwas Gesundes, zum Beispiel Salat. Wenn er ihn nicht mag, haben Sie zumindest Ihre Schuldigkeit getan, und wenn doch, belasten Sie ihn nicht mit fetthaltigen Nahrungsmitteln.

Auf die Schulbank. Wenn Ihnen das ständige Betteln auf die Nerven geht, sollten Sie Ihren Hund in die Schule schicken. Beherrscht er erst einmal die Kommandos „Bleib!“ und „Platz!“, werden Sie wieder in Ruhe essen können.

Bißwunden

Acht Tips zur Behandlung

Ist Ihr Hund ein Raufbold, der sich nicht nur mit Artgenossen anlegt, sondern auch mit Katzen, Ratten und anderen wehrhaften Gegnern? Selbst die kleinste Bißwunde ist nicht als Bagatelle zu betrachten, denn in tierischem Speichel wimmelt es von Bakterien. Außerdem ist oft nicht gleich zu erkennen, wie stark die tieferliegenden Gewebeschichten verletzt sind.
Wenn Ihr Hund von einem anderen Tier gebissen wurde, sollten Sie mit ihm zum Tierarzt gehen. Es gibt jedoch einige Maßnahmen, die sie vorher durchführen können und die es Ihnen erleichtern, die vom Arzt vorgeschriebene Behandlung zuhause durchzuführen.

Die Schnauze zubinden. Es ist ganz natürlich, daß Tiere sich wehren, wenn ihnen etwas wehtut. Um den verletzten Hund gefahrlos anfassen zu können, sollten Sie ihm als erstes die Schnauze zubinden. Schlingen Sie eine Bandage, einen Damenstrumpf oder eine starke Schnur mehr-

Wann muß der Hund zum Tierarzt?

Bißwunden sind wie Eisberge: Was auf der Oberfläche klein und harmlos aussieht, kann darunter groß und gefährlich sein.
Folgende Hinweise deuten auf eine schlimme Verletzung hin, die unbedingt vom Tierarzt behandelt werden muß:

- Starke Schmerzen. Wenn der Wundbereich extrem schmerzhaft ist, ist die Wunde vermutlich infiziert.
- Starker Blutverlust. Selbst wenn äußerlich kein Blut zu sehen ist, kann der Hund innerlich bluten. Drücken Sie mit einem Finger auf das Zahnfleisch. Wenn es seine Farbe nach kurzem Druck nicht wieder von Weiß zu Rosa verändert, hat der Hund wahrscheinlich viel Blut verloren.
- Bisse in Bauch oder Hals. Verletzungen in diesen Bereichen können innere Blutungen auslösen und die Luftröhre gefährden.
- Ein Biß von einem Wildtier. Gehen Sie zur Sicherheit immer davon aus, daß das Tier tollwütig war, und bringen Sie Ihren Hund sofort zum Tierarzt.

Schlangenbisse

Schlangenbisse sind bei Hunden glücklicherweise sehr selten. Wenn ein Hund aber gebissen wird, sind gewöhnlich das Gesicht oder die Vorderbeine betroffen.
Der Biß einer Kreuzotter muß nicht tödlich enden – vorausgesetzt, der Hund wird möglichst schnell zum Tierarzt gebracht.
Bei einem Hund, der von einer Schlange gebissen wurde, kann die Bißwunde stark anschwellen, möglicherweise leidet er auch unter Atemnot. Außerdem wirkt er niedergeschlagen und bewegt sich kaum. Eventuell ist auch der Blinzelreflex der Augen verlangsamt.
Der Tierarzt wird den Hund mit Steroiden behandeln, um dem Schock entgegenzuwirken, und mit Antihistaminen, die die Wirkung des Giftes mindern. Vielleicht wird er auch Antibiotika verabreichen, um einer Infektion der Wunde vorzubeugen.

mals um die Schnauze Ihres Hundes und knoten Sie die Enden hinter den Ohren zusammen.
Achten Sie darauf, die Nüstern freizuhalten. Wenn Ihr Hund Atemprobleme bekommt oder erbricht, müssen Sie den improvisierten Maulkorb sofort entfernen.
Den Kopf einwickeln. Wenn Ihr Hund zu klein ist, um ihm die Schnauze zuzubinden, hüllen Sie seinen Kopf in ein Handtuch. Lassen Sie es jedoch nicht zu lange am Kopf und wickeln Sie auch nicht zu stramm, damit der Hund nicht erstickt.
Die Wunde freischneiden. Als erstes schneiden Sie rund um die Verletzung die Haare ab, damit sie leichter zu begutachten ist. Außerdem heilen Verletzungen schneller, wenn sie nicht von einer Schicht verklebter Haare bedeckt sind.
Wundreinigung. Um Infektionen zu vermeiden, sollte jede Bißwunde gründlich gereinigt werden. Halten Sie den verletzten Körperteil mindestens fünf Minuten lang unter fließendes warmes Wasser.
Wenn die Verletzung erst entdeckt wird, wenn sie schon 24 Stunden alt ist, haben sich in ihr wahrscheinlich schon Bakterien angesiedelt, gegen die der Tierarzt mit Antibiotika vorgehen muß.
Keine Wundsalben auftragen. Versuchen Sie nicht, die Wunde mit heilenden Salben zu bestreichen – zum einen würde der Hund sie ablecken und zum anderen erschweren Sie damit dem Tierarzt die Arbeit. Falls der Tierarzt Ihnen eine Salbe mitgibt, müssen Sie den verletzten Körperteil bandagieren, damit die Salbe ungestört wirken kann.

Tollwutgefahr

Da immer mehr Tierhalter ihre Katzen und Hunde impfen lassen, kommt es bei Haustieren kaum noch zu Ausbrüchen dieser tödlichen Krankheit. Bei den Wildtieren ist dies jedoch ganz anders.
In Amerika ist der Waschbär der Hauptüberträger, doch auch Füchse, Dachse und alle anderen Fleischfresser können an Tollwut erkranken.
Fassen Sie niemals ein Wildtier an. Rechnen Sie mit dem Schlimmsten, wenn ein wildes Tier Sie an sich heranläßt, ohne wegzulaufen. Wenn Ihnen ein ungewöhnlich „zahmes" Wildtier begegnet, melden Sie es dem Forstamt oder der Polizei.
Impfungen nicht vergessen. Tollwut ist eine Viruserkrankung, die unbehandelt fast immer tödlich endet – bei Tieren ebenso wie beim Menschen. Lassen Sie Ihren Hund also unbedingt gegen Tollwut impfen und denken Sie auch an die Termine für die Wiederholungsimpfungen.

Bandagieren. Wenn Sie eine Bißwunde verbinden müssen, achten Sie darauf, den Verband so locker anzulegen, daß Sie bequem einen Finger darunter schieben können. Ein zu enger Verband würde die Blutzirkulation behindern.
Letzte Möglichkeit: Halskrause. Wenn der Hund übermäßig an der Wunde herumleckt, kann der Tierarzt ihm eine Halskrause anlegen. Sie besteht aus steifem Plastik und verhindert, daß der Hund den Wundbereich mit dem Maul erreicht. Achten Sie aber darauf, daß die Halskrause die Aufnahme von Futter und Wasser nicht behindert.
Belecken der Wunde. Mit fortschreitender Heilung sollten Sie das Lecken an der Wunde nicht mehr verhindern. Es hält die Verletzung sauber und fördert die Heilung.

Blähungen

Elf Methoden, gegen die Dünste vorzugehen

Sie merken sofort, wenn Ihr Rex Blähungen hat – und außer Ihnen auch noch jeder andere, der sich zufällig in Ihrer Nähe aufhält. Doch Rex kann nichts dafür, denn schließlich sind Darmgase ein ganz normaler Bestandteil der Verdauung. Es gibt jedoch Hunde, bei denen einfach mehr Gas entsteht als bei anderen.
Es gibt Maßnahmen, diese übermäßige Gasbildung in den Griff zu bekommen. Einige davon finden Sie hier.

Bewegung hilft. Beim Laufen kann das Darmgas leichter ausgeschieden werden, und wenn Ihr Hund sich unterwegs erleichtert, wird er dabei noch eine weitere Ladung Gas los.
Soja als Ursache. Wenn Ihr Hund öfter Blähungen hat, können Sojabohnen der Grund dafür sein. Manche Hundefutter enthalten bis zu 25 Prozent dieser eiweißreichen Pflanze. Grundsätzlich ist dagegen nichts einzuwenden, doch es gibt Hunde, die Sojaprodukte nur schwer verdauen können. Steigen Sie um auf ein Futter, das weniger oder gar kein Soja enthält.
Keine plötzlichen Wechsel. Verschlimmert sich der Zustand nach dem Wechsel zu einer anderen Futtersorte, sind Sie zu schnell vorgegangen. Die Bakterien im Dickdarm brauchen eine Weile, um sich an die veränderte Ernährung zu gewöhnen. Nehmen Sie sich also drei Tage Zeit, in denen Sie jeweils ein Drittel des gewohnten Futters gegen das neue eintauschen.
Riesenportionen vermeiden. Achten Sie darauf, daß Ihr Hund keine Gelegenheit findet, sich riesenhafte Portionen einzuverleiben. Bei einer Überladung des Magens kommt es zu Gärungsprozessen, die normalerweise nicht stattfinden.
Hände weg vom Ergänzungsfutter. Viele Leute geben ihren Hunden gern Vitamin- oder Mineralpräparate, doch diese können die Darmbakterien so beeinflussen, daß es zur Gasbildung kommt. Verwenden Sie diese Präparate also nur, wenn der Tierarzt es empfiehlt.
Keine Milchprodukte. Die meisten Hunde können nur winzige Mengen an Milchprodukten verdauen, weil sie nicht genug von dem Enzym Laktase produzieren, das zur Verdauung der Laktose in der Milch gebraucht wird.

Gegen Blähungen hilft ein großer Gegenstand im Futternapf – er verhindert, daß der Hund zu schnell frißt und dabei Luft schluckt.

Joghurt ist erlaubt. Viele Joghurtsorten enthalten verdauungsfördernde Bakterienkulturen, die die Blähungen verringern können. Versuchen Sie es mit einem Viertel Teelöffel für kleine Hunde, einem ganzen Teelöffel für mittlere und einem Eßlöffel für große Hunde. Die meisten Hunde mögen Joghurt, ansonsten muß er im Futter versteckt werden.
Aktivkohle. Versuchen Sie es mit Aktivkohle. Kleine Hunde bekommen täglich 1/8 bis 1/4 Teelöffel über das Futter, größere etwa einen halben Teelöffel. Vergessen Sie aber nicht, daß Aktivkohle – die Sie in der Apotheke bekommen – nicht nur das Gas aus dem Darm aufnimmt, sondern auch Nährstoffe. Sie sollten Sie also immer nur ein paar Tage lang anwenden.
Keinen Futterneid aufkommen lassen. Wenn Sie zwei oder mehr Hunde gleichzeitig füttern, wird einer davon sein Futter besonders schnell verschlingen, damit der andere es ihm nicht wegfrißt. Dabei schluckt er natürlich auch viel Luft, die zum Teil wieder aufgestoßen wird, zum Teil auch als Blähung wieder herauskommt. Füttern Sie Ihre Hunde in getrennten Räumen, dann haben die Tiere mehr Ruhe zum Fressen.
Die Freßzeit verlängern. Ihr Hund schlingt auch, wenn kein anderer Hund dabei ist? Legen Sie einen großen Gegenstand – zum Beispiel einen Tennisball – in seinen Napf, den er beim Fressen ständig mit der Nase herumschieben muß. So wird sein Freßtempo gebremst, und er schluckt nicht mehr so viel Luft. Wählen Sie die „Freßbremse“ aber mit Bedacht – Sie glauben gar nicht, was gierige Hunde alles schlucken!
Den Napf hochstellen. Das Luftschlucken verhindern Sie auch, wenn Sie den Futternapf auf eine kleine Kiste stellen oder einen speziellen Napfständer im Zoogeschäft kaufen.

Blindheit

Sieben Wege, einem blinden Hund zu helfen

Ihr Hund ist bisher immer durchs Haus gestürmt, doch seitdem Sie Ihre Möbel umgestellt haben, bewegt er sich auffallend langsam und stößt auch öfter irgendwo an. Und wenn Sie mit ihm spazieren gehen, fällt es ihm schwer, Sie wiederzufinden. Es könnte sein, daß er schlecht sieht, vielleicht sogar schon erblindet ist. Mögliche Ursachen sind fortschreitender Netzhautschwund, Linsentrübungen (Katarakte) oder eine Erhöhung des Augeninnendrucks (Glaukom). Es gibt eine Reihe von Therapien für diese Erkrankungen. Einige Behandlungsmethoden sind genauso weit entwickelt wie die in der Humanmedizin.
Es gibt einiges, das Sie tun können, um ihm das Leben zu erleichtern.

Keine „Reise nach Jerusalem". Vermeiden Sie es, die Möbel umzustellen, denn damit erschweren Sie Ihrem Hund die Orientierung.
Zeigen Sie ihm den Weg. Wenn Sie umgezogen sind, führen Sie Ihren Hund an der Leine, bis er sich allein zurechtfindet. Sie können Ihren blinden Hund auch zunächst in ein Zimmer einsperren, bis er sich in diesem zurechtfindet. Dann können Sie täglich ein neues Zimmer freigeben. Blinde Hunde suchen die Nähe ihrer Menschen – wählen Sie also Räume, in denen Sie sich häufig aufhalten.
Nichts verändern. Lassen Sie Futter- und Wassernäpfe und auch das Hundebett am gewohnten Platz stehen. Diese Fixpunkte im Leben Ihres Hundes geben ihm ein gewisses Maß an Sicherheit.
Die Gefahren der Wildnis. Einen blinden oder in seinem Sehvermögen eingeschränkten Hund sollten Sie nicht mehr freilaufen lassen – außer vielleicht im eingezäunten Garten.
Vorsicht, Swimmingpool! Für einen blinden Hund ist ein Swimmingpool eine Todesfalle. Wenn er unbemerkt hineinfällt, wird er ertrinken.
Ein „Blindenhund". Ein Hund mit gesunden Augen kann eine große Hilfe für einen blinden Hund sein. Auch wenn die Hunde nicht gerade die besten Freunde sind, kann die Anwesenheit eines gesunden Gefährten helfen. Befestigen Sie ein Glöckchen an seinem Halsband, dann kann der blinde Hund dem gesunden leichter folgen.
Ein Haarschnitt. Wenn Ihr Hund schlecht sieht und ihm außerdem die Haare in die Augen hängen, sollten Sie sie abschneiden, damit der Hund wenigstens den Rest seines Sehvermögens nutzen kann.

Bei manchen Hunden kommt zu ihrer Sehbehinderung noch die Tatsache, daß ihnen die Haare in die Augen hängen und das Sehvermögen noch mehr einschränken.

Wann muß der Hund zum Tierarzt?

Für Menschen ist der Verlust des Sehvermögens ein schwerer Schlag, doch Hunde sind in dieser Hinsicht anpassungsfähiger. Ihre anderen Sinne sind so scharf, daß manchmal gar nicht auffällt, daß der Hund erblindet ist. Manche Hunde können sogar hören, ob eine Tür offen oder geschlossen ist. Probleme treten meistens erst auf, wenn der Hund in eine neue Umgebung gebracht wird. Dort wird er sich deutlich unsicherer bewegen und vielleicht auch gegen Möbel und Wände laufen. Besonders großen Gefahren ist er im Freien ausgesetzt – vor allem im Straßenverkehr.

Bei jeder Art von Augenproblemen sollten Sie Ihren Hund zum Tierarzt bringen. Doch woran merkt man, daß ein Hund schlecht sieht? Achten Sie vor allem auf die Pupillen. Wenn sie sich unter Lichteinfluß nicht verändern, müssen Sie davon ausgehen, daß Ihr Hund bereits erblindet ist. Auch wenn er nicht mehr so oft aufs Sofa springt, wie er es früher getan hat, müssen Sie mit dem Schlimmsten rechnen. Wenn er zum Beispiel früher immer in Ihrem Bett geschlafen hat und dies jetzt nicht mehr tut, kann es sein, daß Blindheit die Ursache dafür ist.

Eine Methode, das Sehvermögen zu überprüfen, ist der Watte-Test. Stellen Sie sich in etwa einem Meter Entfernung vor Ihrem Hund auf und lassen Sie einen Wattebausch fallen. Wenn Ihr Hund auch nach mehrmaliger Wiederholung keinen Blick darauf wirft, sieht er wahrscheinlich schlecht und sollte vom Tierarzt untersucht werden.

Blutende Wunden

Elf Wege, eine Blutung zu stillen

Schnitt- und Rißwunden ziehen sich Hunde nur allzu leicht zu; sie treten in Glasscherben oder reißen sich an Stacheldraht den Rücken auf. Sie sollten lernen, in solchen Fällen Erste Hilfe zu leisten, bevor Sie zum Tierarzt fahren.
Kleinere Wunden können Sie selbst versorgen – zunächst müssen Sie die Blutung zum Stillstand bringen.

Auf die Wunde drücken. Drücken Sie ein Taschentuch, ein Handtuch oder ein anderes sauberes Stück Stoff direkt auf die Wunde. Wenn kein Tuch griffbereit ist, können Sie die Wunde auch mit der Hand abdrücken. Die Blutung wird in wenigen Minuten zum Stillstand kommen.
Den Blutdruck senken. Bei starken Blutungen sollten Sie nicht auf die Wunde drücken, sondern auf die dazugehörige Arterie. Folgende drei Punkte eignen sich für eine solche Aderpresse:

- Weit oben an der Innenseite der Vorderbeine. Druck an dieser Stelle verringert Blutungen an den Vorderbeinen.

Es gibt verschiedene Stellen des Körpers, an denen Sie zur Blutstillung eine Arterie abdrücken können.

Oberes Ende des Unterschenkels: Bei Blutungen am unteren Teil

Oberes Ende des Oberarms: Bei Blutungen am unteren

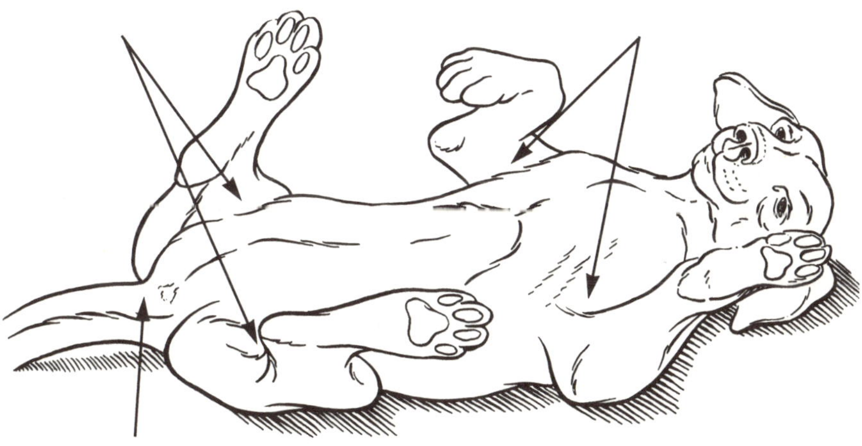

Schwanzunterseite: Bei Blutungen am Schwanz

Wann muß der Hund zum Tierarzt?

Viele kleine Schnitt- und Schürfwunden können zuhause behandelt werden, doch tiefe und stark blutende Wunden sind ein Fall für den Tierarzt.
Tiefe Wunden, bei denen auch Sehnen und Muskeln verletzt sind, bluten stark und infizieren sich leicht. Sie müssen unter Narkose genäht werden, und eventuell ist auch eine Bluttransfusion nötig.
Nicht immer sind Blutungen äußerlich zu erkennen. Es besteht immer die Gefahr einer inneren Blutung, bei der der Hund viel Blut verliert, ohne daß man es sieht – bis es zu spät ist.
Anzeichen für eine innere Blutung sind Blut im Erbrochenen oder im Urin, hellrosafarbene oder weiße Maulschleimhäute und Teilnahmslosigkeit. Riskieren Sie nichts. Wenn Sie das Gefühl haben, Ihr Hund sei schwer verletzt, dann ist er es vermutlich auch, und Sie sollten ihn sofort zum Tierarzt bringen.

- Weit oben an der Innenseite der Hinterbeine. Hier ausgeübter Druck verringert die Blutung an den Hinterbeinen.
- Die Unterseite des Schwanzes. Wenn Sie hier drücken, können Sie eine Blutung am Schwanz unter Kontrolle bringen.

Nicht abbinden. Versuchen Sie nicht, eine blutende Gliedmaße abzubinden – wenn Sie etwas falsch machen, kann ein Bein absterben.
Die Wunde freischneiden. Wenn die Blutung zum Stillstand gekommen ist, schneiden Sie rund um die Wunde die Haare weg. Dadurch ist sie leichter sauberzuhalten und heilt auch schneller.
Schützen Sie sich. Ein verletzter Hund hat Angst. Wenn Sie fürchten, von ihm gebissen zu werden, binden Sie ihm als erstes das Maul zu. Dazu eignen sich eine Bandage, ein Seil oder ein Damenstrumpf. Umwickeln Sie die Schnauze damit und verknoten Sie die Enden hinter den Ohren. Wenn der Hund erbricht oder Atemnot bekommt, müssen Sie das Maul sofort wieder befreien.
Einwickeln geht auch. Sehr kleine Hunde können Sie auch in einen Kissenbezug, ein Handtuch oder eine Decke einwickeln. Achten Sie aber darauf, daß Ihr Hund genügend Luft bekommt.
Verbinden. Wenn die Blutung nicht zum Stillstand kommt, können Sie die Wunde bandagieren – aber nicht zu eng. Wenn die erste Bandage durchtränkt ist, entfernen Sie sie nicht, denn damit würden Sie den Prozeß der Blutgerinnung stören. Wickeln Sie stattdessen eine zweite

Bandage über die erste. Kommt die Blutung trotzdem nicht zum Stillstand, müssen Sie zum Tierarzt.

Die Wunde säubern. Die größte Gefahr bei Verletzungen ist nicht die Blutung, sondern eine drohende Infektion. Frische Wunden sollten mindestens fünf Minuten lang mit fließendem warmem Wasser gespült werden.

Keine Wundsalben verwenden. Benutzen Sie nicht irgendeine Wundsalbe, die zufällig noch in Ihrem Medizinschränkchen liegt. Sie kann dem Hund schaden, wenn er sie ableckt – was er bestimmt tun wird.

Einen schützenden Verband anlegen. Um die Wunde sauber zu halten, können Sie versuchen, einen Verband anzulegen. Achten Sie darauf, daß er nicht zu eng sitzt, und wechseln Sie ihn einmal am Tag.

Sockenschutz. Verletzungen der Pfoten brechen leicht wieder auf und bluten dann erneut. Um die Wunde und Ihren Fußboden sauber zu halten, können Sie eine Kindersocke über die verletzte Pfote streifen.

Depressionen

Fünfzehn Methoden, einen Hund wieder fröhlich zu machen

Niemand begrüßt Sie an der Tür. Das Lieblingsspielzeug bleibt unbeachtet, und selbst der Duft eines Steaks zeigt keine Wirkung. Depressionen sind bei Hunden keine Seltenheit. Verursacht werden sie durch Krankheit, Einsamkeit, mangelnde Bewegung oder auch die Dunkelheit des Winters.
Auch Veränderungen in ihrem Leben können Hunde depressiv machen. Dazu gehören Dinge wie der Tod eines langjährigen Freundes oder der Umzug in ein neues Haus.
Die folgenden Maßnahmen können helfen, Ihren Hund wieder munter zu machen.

Tägliche Spielstunden. Ausgiebiges Spielen mit Ihrem Hund bringt ihn wahrscheinlich schnell auf andere Gedanken. Legen Sie sich zu ihm auf den Boden und kitzeln Sie ihn durch. Er soll begreifen, daß es in Ordnung ist, fröhlich und ausgelassen zu sein.
Gesellschaft aus dem Spiegel. Wenn Sie einen Spiegel auf den Boden stellen, in dem der Hund sich sehen kann, wird er das Gefühl haben, nicht mehr allein zu sein.
Den Problemen weglaufen. Lange Ausflüge, bei denen der Hund viel Bewegung bekommt, versorgen ihn nicht nur mit frischer Luft. Beim Laufen werden auch Endorphine freigesetzt, die das Wohlbefinden steigern.
Die Depression nicht belohnen. Das Schlimmste, was Sie tun können, ist der Versuch, einen depressiven Hund zu „trösten". Wenn Sie ihn für sein Verhalten auch noch belohnen, wird es wahrscheinlich schlimmer werden.
Natürlich sollten Sie ihm Zuwendung geben, aber auf eine fröhliche, aufmunternde Art. Auf diese Weise wird er selbst ebenfalls wieder fröhlicher.
Beziehen Sie Freunde mit ein. Oft werden Hunde depressiv, wenn jemand Neues in ihr Leben tritt – Ihr neuer Partner oder ein neues Haustier. Hunde hängen sehr an ihrem Menschen und sind nicht bereit, ihn mit irgendjemandem zu teilen.
Um den Hund an das neue Gesicht zu gewöhnen, können Sie folgende Strategie anwenden: Ignorieren Sie ihn eine kurze Zeit, während Sie

Wann muß der Hund zum Tierarzt?

Normalerweise gehen Depressionen bei Hunden schnell wieder vorüber; sie können allerdings auch ein Warnsignal sein.
Ein Hund, der teilnahmslos herumliegt, nicht frißt und niedergeschlagen wirkt, kann auch ein körperliches Problem haben, zum Beispiel eine Schilddrüsenerkrankung, eine Bauchspeicheldrüsenentzündung oder innere Verletzungen.
Doch auch, wenn das Problem tatsächlich seelisch bedingt ist, kann das Verweigern des Futters den Hund wirklich krank machen. Gehen Sie kein Risiko ein. Länger als 48 Stunden sollten Sie auf keinen Fall warten, bevor Sie den Hund zum Tierarzt bringen.

mit ihm allein sind. Wenn der neue Partner (oder das neue Haustier) dann kommt, kümmern Sie sich besonders um Ihren Hund. Spielen Sie mit ihm oder verwöhnen Sie ihn mit Leckerbissen. Er wird schon bald das Erscheinen des „Neuen“ mit Spaß verbinden und sich wieder besser fühlen.
Familienzuwachs. Ein Baby in der Familie macht viele Hunde eifersüchtig und deprimiert. Versuchen Sie, ihn nicht unvorbereitet mit dem Baby zu überraschen. Benutzen Sie schon während der Schwangerschaft Babypuder und Babyöl, damit der Hund sich an den Geruch gewöhnen kann. Sie können auch Kassetten mit Babygeschrei abspielen, damit er sich auch an die Geräusche gewöhnt.
Lassen Sie ihn teilhaben. Wenn Sie dem Hund den Zutritt zum Kinderzimmer verwehren, sich nur noch um das Baby kümmern und ihn links liegenlassen, brauchen Sie sich nicht zu wundern, wenn es Probleme gibt. Lassen Sie Ihren Hund ruhig gelegentlich unter Aufsicht das Kinderzimmer inspizieren.
Ein Stück Heimat mitnehmen. Der Umzug in ein neues Haus oder eine neue Wohnung kann sehr deprimierend auf Hunde wirken. Um ihnen den Umzug zu erleichtern, benutzen Sie die gewohnte Transportbox mit seiner Lieblingsdecke. Das Gefühl, einen sicheren Zufluchtsort zu haben, gibt dem Hund in der neuen Wohnung mehr Selbstvertrauen.
Für angenehme Überraschungen sorgen. Hunde fühlen sich dort zuhause, wo es vertraut riecht (und schmeckt). Sie können die neue Wohnung so mit Spielzeug oder Leckerbissen präparieren, daß der Hund sie auf seiner Entdeckungsreise finden muß.

Rufen Sie zuhause an. Viele Hunde fühlen sich einsam, wenn Sie den ganzen Tag nicht zuhause sind. Rufen Sie doch zwischendurch zuhause an und hinterlassen Sie für Ihren Hund eine Nachricht auf dem Anrufbeantworter.

Eine andere Möglichkeit ist, die eigene Stimme auf Kassette aufzunehmen und im Laufe des Tages abzuspielen.

Geben Sie ihm Zeit zum Trauern. Es ist nicht ungewöhnlich, daß Hunde trauern, wenn ein Gefährte wegläuft oder stirbt. Hunde können genauso an ihren Artgenossen hängen wie Menschen. Respektieren Sie die Trauer Ihres Hundes und versuchen Sie, ihm mit viel Liebe durch diese schwere Zeit zu helfen.

Sorgen Sie für Ersatz. Manche Hunde fühlen sich besser, wenn Sie einen neuen Hund ins Haus holen, der sie von ihrer Tauer ablenkt.

Neue Wege gehen. Gehen Sie mit Ihrem Hund nicht immer dieselbe Straße entlang oder in denselben Park. Sorgen Sie für Abwechslung – eine neue Umgebung könnte helfen, Ihren Hund von seiner Depression zu befreien.

Lassen Sie sich vertreten. Hunde sind ausgesprochen gesellige Tiere, die das Alleinsein schlecht vertragen. Warum bitten Sie nicht einen Nachbarn, Ihren Hund zu besuchen, während Sie bei der Arbeit sind? Ihrem Hund machen Sie damit bestimmt eine Freude.

Eine Party geben. Alle Hunde lieben Aufregung, und ihre Depressionen verschwinden, wenn ihre Freunde auftauchen. Veranstalten Sie doch ein paar Partys für Ihren Hund, zu denen Sie befreundete Hundebesitzer mit ihren Vierbeinern einladen.

Diabetes

Sieben hilfreiche Tips

Wie Menschen produzieren auch Hunde das Hormon Insulin, das den Zellen ermöglicht, den Blutzucker (Glukose) aufzunehmen, den sie als Brennstoff brauchen. Bei Tieren mit Diabetes wird entweder nicht genug Insulin produziert oder das produzierte Insulin kann seine Aufgabe nicht erfüllen. In beiden Fällen bekommen die Körperzellen nicht genügend Brennstoff.
Bei Hunden wird Diabetes oft durch Erkrankungen der Bauchspeicheldrüse verursacht, und sie brauchen regelmäßige Insulinspritzen.
Diabetes ist immer ein Fall für den Tierarzt, doch es gibt einiges, das Sie auch zuhause tun können, um die Krankheit unter Kontrolle zu halten.

Auf die schlanke Linie achten. Übergewicht erschwert die Behandlung von Diabetes.
Um Ihrem Hund die schlanke Linie zu erhalten oder wiederzugeben, sollten Sie sein Futter abwiegen, denn nur so können Sie sicher sein, nicht zu viel zu füttern. Außerdem darf er keine Dickmacher wie Essensreste zwischendurch bekommen.
Füttern Sie faserreich. Eine faserreiche Ernährung kann dafür sorgen, daß der Brennstoff gleichmäßiger in die Zellen transportiert wird, wodurch der Blutzuckergehalt relativ konstant bleibt.
Viele kleine Mahlzeiten. Sie sollten Ihren Hund mindestens zweimal am Tag füttern, damit möglichst häufig Glukose in den Blutkreislauf gelangt. Stellen Sie einen Futterplan auf und versuchen Sie, sich daran zu halten.
Bewegung ist alles. Regelmäßige Bewegung hält den Hund nicht nur schlank, sie führt auch dazu, daß weniger Insulin gebraucht wird, weil in der Bewegung Glukose verbrannt wird.
Fragen Sie Ihren Tierarzt, wieviel Bewegung Ihr Hund haben darf, und halten Sie sich dann daran. Hetzen Sie ihn nicht einen Tag kilometerweit hinter dem Fahrrad her, um dann am nächsten Tag gar nicht mit ihm aus dem Haus zu gehen, denn jeder dieser Wechsel wirkt sich auf den Insulinbedarf aus.
Medikamente regelmäßig geben. Der wichtigste Aspekt bei der Behandlung von Diabetes ist, starke Schwankungen des Blutzuckerspiegels zu vermeiden. Aus diesem Grund empfehlen Tierärzte, das Insulin jeden Tag zur gleichen Zeit zu verabreichen. Hunde müssen in der Re-

Wann muß der Hund zum Tierarzt?

Diabetes ist oft schwer zu erkennen. Die Krankheit entwickelt sich allmählich, und es können Monate vergehen, bis die Symptome – wie Gewichtsverlust oder Schwäche – auffallen.
Es gibt drei klassische Anzeichen für Diabetes: ständiger Durst, Heißhunger und häufiges Urinieren. Bei manchen Hunden riecht auch der Atem süßlich; ein Zeichen dafür, daß der Blutzuckerspiegel zu hoch ist. Wenn Ihnen eines dieser Symptome auffällt oder Ihr Hund zittert, schwach und müde wirkt oder immer mehr Gewicht verliert, zögern Sie nicht, mit ihm zum Tierarzt zu gehen.

gel zweimal täglich ihre Spritze bekommen. Ändern Sie die vom Tierarzt verordnete Behandlung auf keinen Fall ohne Rücksprache ab.
Gutes Benehmen belohnen. Niemand bekommt gern Spritzen – auch Ihr Hund nicht. Versuchen Sie, so sanft und geduldig vorzugehen wie nur möglich. Wenn Sie fertig sind, loben und streicheln Sie ihn ausgiebig und stecken Sie ihm eventuell auch einen kleinen Leckerbissen zu.
Süßes griffbereit haben. Nach der Verabreichung von Insulin sinkt der Blutzuckerspiegel manchmal bedrohlich ab. Diesen Zustand nennen Tierärzte Hypoglykämie. Wer einen an Diabetes erkrankten Hund hat, sollte daher immer etwas Süßes zur Hand haben.
Geeignet sind Honig oder Sirup. Eine kleine Menge davon wird auf das Zahnfleisch aufgetragen, bis der Hund aufhört zu zittern.
Danach muß er sofort zum Tierarzt. Eine Hypoglykämie ist ein Notfall, bei dem manchmal nur die intravenöse Verabreichung von Glukose hilft.

Durchfall

Acht Wege, das Problem zu stoppen

Verlangt Ihr Hund ständig, hinausgelassen zu werden – und sind Sie manchmal nicht schnell genug? Hunde beklagen sich zwar im allgemeinen nicht, aber Durchfall kann ziemlich schmerzhaft sein. Zu Durchfall kommt es gewöhnlich, weil die Tiere etwas fressen, das ihnen nicht bekommt, weil sie sich einen Virus eingefangen haben oder weil sie einen plötzlichen Futterwechsel nicht verkraften. Der Durchfall ist eine wirksame Verteidigungsmaßnahme des Körpers, der sich auf diese Weise schädliche Stoffe möglichst schnell vom Hals schafft. Doch was für Ihren Hund gut ist, ist nicht unbedingt auch gut für Ihre Teppiche. Deshalb hier ein paar Tips, die die Genesung beschleunigen können.

Eine heilsame Fastenkur. Wenn Sie merken, daß Ihr Hund Durchfall hat, entziehen Sie ihm für 24 Stunden das Futter. Bessert sich der Zustand daraufhin nicht, ist der Hund vermutlich ernsthaft krank und muß zum Tierarzt.

Vorsichtig anfüttern. Als erste Mahlzeit nach dem Fasten eignet sich Reis, gemischt mit etwas weißem Hühnerfleisch. Geben Sie ein Teil Fleisch auf zwei Teile Reis und füttern Sie die nächsten zwei Tage alle vier Stunden eine kleine Portion.

Wieder zur normalen Fütterung übergehen. Nach zwei Tagen können Sie anfangen, wieder das gewohnte Futter zu geben. Stellen Sie die Fütterung aber nicht abrupt um, denn das könnte erneut Durchfall auslösen. Mischen Sie einige Tage lang einen Teil des gewohnten Futters unter die Diätkost.

Normalerweise ist Durchfall nur die Quittung für begangene Sünden – zum Beispiel einen Ausflug zum Mülleimer –, er kann aber auch ein Anzeichen für eine schwere Erkrankung wie Diabetes, Staupe oder eine Entzündung der Bauchspeicheldrüse sein.

Wenn der Durchfall länger als 24 Stunden anhält oder mit Fieber, Erbrechen, Bauchschmerzen oder gesteigertem Durst einhergeht, müssen Sie Ihren Hund sofort zum Tierarzt bringen.

Ausreichend Wasser anbieten. Mit dem Durchfall wird viel Wasser ausgeschieden. Um einer Austrocknung des Körpers vorzubeugen, muß der Hund unbedingt Wasser zur Verfügung haben. Sie können auch einen zweiten Napf bereitstellen, in den Sie Gatorade oder ein anderes Sportgetränk geben, denn es ersetzt verlorengegangene Mineralien wie Natrium und Kalium. Viele Hunde mögen den Fruchtgeschmack dieser Getränke.

Die Milch entziehen. Viele ausgewachsene Hunde haben Schwierigkeiten bei der Verdauung von Milch, weil ihnen das Enzym Laktase fehlt, das zur Verdauung des Milchzuckers benötigt wird. Wenn Sie Ihrem Hund Milch geben und er Durchfall bekommt, streichen Sie die Milch wieder vom Speiseplan. Schon wenige Tage später müßte sich der Erfolg einstellen.

Bewegung kann helfen. Ein fünfzehnminütiger Spaziergang zweimal am Tag trägt zur Beruhigung des Verdauungstraktes bei. Gehen Sie aber nur mit Ihrem Hund spazieren, wenn er genügend Energie dafür hat. Wenn er zu schwach zum Aufstehen ist, zittert oder sich nur lustlos hinterherziehen läßt, zwingen Sie ihn nicht.

Streßvermeidung. Eine Fahrt zum Tierarzt, ein Umzug oder die Ankunft eines neuen Haustiers können einen Hund so aufregen, daß er Durchfall bekommt. Versuchen Sie in solchen Situationen, ihn durch viel Zuwendung und Liebe zu beruhigen.

Keine Medikamente geben. Es gibt zwar eine Reihe von frei verkäuflichen Mitteln gegen Durchfall, doch viele Tierärzte raten davon ab. Sie empfehlen, der Natur ihren Lauf zu lassen, denn in der Regel gibt es einen Grund für den Durchfall. Geben Sie Ihrem Hund also nur Medikamente, die der Tierarzt verordnet hat.

Eifersucht

Sechzehn Wege, einem Hund zu zeigen, wie wichtig er ist

Bisher war das Leben mit Ihrem Hund problemlos, doch seit jemand Neues – ein Freund, eine Freundin, ein Baby oder ein neues Haustier – in Ihr Leben getreten ist, benimmt er sich einfach unmöglich.
Hunde empfinden Eifersucht zwar nicht genauso wie wir, doch sie sind trotzdem nicht bereit, ihren kostbarsten Besitz – Sie – mit jemandem zu teilen.
Hunde zeigen ihren Unmut über eine bestimmte Situation deutlich, zum Beispiel durch Aggression, übermäßige Anhänglichkeit oder Niedergeschlagenheit. Manche fangen auch an, die Einrichtung zu zerstören oder sind nicht mehr stubenrein.
Hunde müssen das Gefühl haben, daß sie geliebt werden. Mit Hilfe der folgenden Tips können Sie Ihrem Hund dieses Gefühl zurückgeben.

Beachtung schenken. Niemand mag das Gefühl, plötzlich „abgemeldet" zu sein. Spielen Sie viel mit Ihrem Hund und lassen Sie ihn all das tun, was er schon immer tun durfte.
Den Tagesablauf beibehalten. Auch wenn es in Ihrem Leben jemand Neues gibt, sollten Sie versuchen, die gewohnte Routine aufrechtzuerhalten.
Füttern Sie Ihren Hund zur gewohnten Zeit, halten Sie Ihre gemeinsamen Spielstunden ein und vergessen Sie auch nicht die abendlichen Streicheleinheiten. Dieser gewohnte Ablauf gibt Ihrem Hund Sicherheit, und wenn er gestört wird, bedeutet das erheblichen Streß für das Tier.
Die älteren Rechte wahren. Wenn Sie ein neues Haustier haben, achten Sie darauf, die Rechte des älteren nicht zu verletzen. Auch wenn der Neuankömmlimg noch so süß ist, füttern Sie Ihren alten Hund zuerst. Dasselbe gilt für die Verteilung der Streicheleinheiten.
Kummerspeck. Hunde, die eifersüchtig sind oder unter Streß stehen, neigen dazu, mehr zu fressen als bisher. Um dies zu verhindern, sollten Sie ihm das Futter zuteilen und darauf achten, daß er sich nicht an den Näpfen Ihrer anderen Tiere bedient.
Taktvoll vorgehen. Sie vermuten zwar, daß Ihr Hund eifersüchtig auf Ihren neuen Lebensgefährten ist, doch es kann auch sein, daß er schlicht Angst vor ihm hat.

Wann muß der Hund zum Tierarzt?

Ihr Hund war bisher immer stubenrein, doch in letzter Zeit hat sich das geändert. Sie sind ziemlich sicher, daß es an Ihrem neuen Freund liegt, also warten Sie ab und hoffen, daß sich das Problem von selbst gibt.
Das könnte ein Fehler sein. Eifersucht und Streß können zwar dazu führen, daß Hunde ihre Manieren vergessen, doch dasselbe gilt für medizinische Probleme wie zum Beispiel eine Harnwegsinfektion.
Gehen Sie kein Risiko ein und bringen Sie Ihren Hund zum Tierarzt. Dasselbe gilt, wenn er sich einem neuen Menschen oder Haustier gegenüber ungewöhnlich aggressiv verhält. Wenn der Tierarzt keine organische Ursache findet, können Sie immer noch darauf hoffen, daß sich sein Verhalten mit der Zeit ändert.

Bitten Sie Ihren Freund, dem Hund jedesmal gut zuzureden, wenn er ihn sieht.

Die richtige Gedankenverbindung herstellen. Der Hund soll lernen, den neuen Menschen in Ihrem Leben mit etwas Angenehmen zu verbinden.

Lassen Sie Freund oder Freundin den Hund füttern und mit ihm spazierengehen und spielen. Die beiden werden sich schon bald anfreunden. Überstürzen Sie aber nichts. Lassen Sie Ihrem Hund Zeit.

Bevor das Baby kommt. Hunde brauchen Zeit, um sich an Anblick, Geruch und Geräusch all jener Dinge zu gewöhnen, die ein Baby braucht – Kindersitz, Wickeltisch, Kinderwagen usw. Warten Sie nicht, bis der Hund schon durch das neue Baby gestreßt ist, sondern holen Sie die Babysachen schon einige Zeit vorher ins Haus. Je früher Sie das Kinderzimmer einrichten, desto besser ist es.

Platz im Bett schaffen. Wenn Ihr Hund bisher im Bett schlafen durfte, Sie das aber nicht mehr wollen, sobald das Baby da ist, tun Sie diesen Schritt schon ein paar Wochen vor der Entbindung. Dann brauchen Sie nicht zu fürchten, daß der Hund sich wegen des Kindes zurückgesetzt fühlt.

Ein Probelauf. Das Schreien eines Baby kann sehr an den Nerven eines Hundes zerren. Warum laden Sie nicht Freunde mit ihren Kindern ein, damit er sich daran gewöhnen kann? Dann ist er zumindest vorgewarnt, wenn Sie mit Ihrem eigenen Baby nach Hause kommen.

Oder spielen Sie ein Tonband ab. Wenn Sie niemanden mit kleinen Kindern kennen, besorgen Sie sich eine Kassette mit Babygeschrei. Spielen Sie es in normaler Lautstärke ab. Ergreift der Hund daraufhin die Flucht, stellen Sie es etwas leiser. Irgendwann wird er begreifen, daß er sich auch entspannen kann, wenn das Baby schreit.

Den Geruch vorausschicken. Bevor Sie mit Ihrem Baby aus dem Krankenhaus kommen, sollten Sie jemanden bitten, ein paar vom Baby getragene Sachen bei Ihnen zuhause vorbeizubringen. Mit ihrer Hilfe kann sich der Hund schon einmal an den Geruch gewöhnen, der bald das ganze Haus erfüllen wird.

Unterhaltung zu dritt. Viele Leute machen den Fehler, sich nur um ihren Hund zu kümmern, wenn das Baby schläft. Wenn es dann wach ist, schicken sie ihn weg.

Viel sinnvoller ist es, dem Hund besonders viel Aufmerksamkeit zu schenken, während Sie das Baby auf dem Arm haben. Geben Sie ihm ein paar Leckerbissen, während Sie das Kleine stillen, und spielen Sie mit ihm, wenn es in seiner Schaukel sitzt. Sorgen Sie dafür, daß er die Anwesenheit des Babys mit etwas Angenehmem verbindet.

Lassen Sie Ihr Baby aber niemals mit dem Hund allein, denn Unfälle passieren schneller, als man denkt.

Ein kleiner Helfer. Wenn Ihr Hund ruhig genug ist, sollten Sie Ihrem Kind erlauben, ihm Leckereien zu geben. Schon bald wird Ihr Hund den kleinen Futterspender abgöttisch lieben.

Für Rückzugsmöglichkeiten sorgen. Als Hund hat man es nicht leicht in einem Haus voller Kinder. Sie machen Lärm, ziehen einem am Schwanz und stören einem beim Schlafen. Geben Sie Ihrem Hund eine Ecke im Schrank oder in einem ruhigen Zimmer als Zufluchtsort. Verbieten Sie den Kindern, den Hund dort zu stören, denn er braucht diesen Ort, um sich zurückzuziehen, wenn es ihm zuviel wird.

Vorsorge treffen. Wenn Sie dafür sorgen, daß Ihr Hund schon im Welpenalter ständig neue Menschen und Hunde kennenlernt, wird er später weniger unter Eifersucht zu leiden haben. Sie können zum Beispiel mit ihm eine Hundeschule besuchen oder oft mit ihm in den Park oder auf die nächstgelegene „Hundewiese“ gehen.

Die erste Begegnung. Wenn Sie möchten, daß Ihr Hund eine gute Beziehung zu Ihrem neuen Freund oder Ihrer Freundin bekommt, sollten die beiden sich auf neutralem Boden kennenlernen – nicht bei Ihnen zuhause, damit Ihr Hund nicht das Gefühl hat, sein Heim verteidigen zu müssen.

Erbrechen

Fünf Methoden, den Magen zu beruhigen

Für einen Hund ist es nichts Besonderes, sich gelegentlich seines Mageninhalts zu entledigen. Die Ursachen dafür können vielfältig sein: zu kaltes Futter, etwas Verdorbenes, zuviel Futter oder zu hastiges Fressen.Wenn Ihr Hund erbricht, sollten Sie versuchen, seinen Magen wieder zu beruhigen. Die folgenden Tips können dazu beitragen, dieses Ziel zu erreichen.

Für Erleichterung sorgen. Wenn Ihr Hund erbricht, braucht sein Magen eine Auszeit. Geben Sie ihm die nächsten 24 Stunden kein Futter. Wenn er nach dieser Fastenzeit erneut das Futter erbricht, bringen Sie ihn zum Tierarzt.

Wasser hinstellen. Bei jedem Erbrechen geht Flüssigkeit verloren. Entziehen Sie Ihrem Hund auf keinen Fall das Wasser, sonst droht eine Austrocknung seines Körpers.

Wann muß der Hund zum Tierarzt?

Ihr Hund hat sich in der Vergangenheit öfter mal erbrochen, aber so schlimm wie heute war es noch nie? Er stolpert orientierungslos herum, schwankt wie ein Betrunkener und erbricht fast pausenlos?

Rufen Sie sofort Ihren Tierarzt an. Es besteht die Gefahr, daß Ihr Hund sich an einer Pflanze wie Dieffenbachie oder Philodendron oder einer Chemikalie wie etwa Frostschutzmittel vergiftet hat. Wenn der Verdacht auf eine Vergiftung besteht, zählt jede Minute.

Häufiges Erbrechen kann aber auch auf eine andere schwere Erkrankung hindeuten, zum Beispiel einen Gehirntumor, Geschwüre oder Nieren- oder Lebererkrankungen. Auch wenn es unangenehm ist, sollten Sie sich das Erbrochene genau ansehen, damit Sie es dem Tierarzt beschreiben können. Achten Sie auf Blut, gelblich-grüne Flüssigkeit, eine braune Masse, die aussieht wie Kaffeesatz, oder kotähnliche Brocken. Die Ursachen für Erbrechen sind so vielfältig, daß es dem Tierarzt die Diagnose erleichtert, wenn die Tierhalter genaue Angaben zur Beschaffenheit des Erbrochenen machen können.

Gras als Leckerbissen?

Niemand weiß genau warum, doch alle Hunde fressen von Zeit zu Zeit ein paar Grashalme, um sie gleich danach wieder auszuwürgen. Manche Tierärzte vermuten, daß sie dazu dienen, den Magen von Dingen zu befreien, die ihn belasten. Andere gehen davon aus, daß den Hunden das Gras einfach schmeckt.
Für uns sieht Gras nicht besonders appetitanregend aus, doch wir kämen auch nie auf die Idee, die Mülltonne nach etwas Eßbarem zu durchstöbern.
Solange das Gras nicht frisch gedüngt ist, sollten Sie Ihren Hund gewähren lassen – wer weiß, vielleicht schmeckt es ihm ja tatsächlich?

Eiswürfel. Um Ihren Hund zum Trinken zu verlocken, können Sie ihm einen Eiswürfel geben. Manche Hunde spielen gern damit und nehmen dabei gleichzeitig kleine Mengen Wasser auf.
Legen Sie den Eiswürfel in den Futternapf oder auf den Fußboden – an eine Stelle, die naß werden darf.
Den Klodeckel schließen. Klappen Sie den Deckel Ihrer Toilette herunter, damit Ihr Hund nicht unkontrolliert Wasser aufnimmt – zumal das bakterienbeladene Toilettenwasser sicher nicht das Richtige für seinen angegriffenen Magen ist.
Diät. Nach 24 Stunden des Fastens wird Ihr Hund Hunger haben. Geben Sie ihm etwas Leichtverdauliches, denn wenn Sie gleich wieder Hundefutter in den Napf kippen, geht das Spiel womöglich von vorn los.
Tierärzte empfehlen eine Mischung aus gekochtem Reis und Hüttenkäse oder weißem Hühnerfleisch. Füttern Sie anfangs nur alle paar Stunden eine kleine Portion. Wenn alles gutgeht, können Sie am nächsten Tag wieder zum gewohnten Futter übergehen. Dazu mischen Sie zunächst ein Viertel Hundefutter unter die Diätnahrung und erhöhen den Hundefutteranteil von einer Fütterung zur nächsten.

Erfrierungen

Vierzehn Methoden, einer Unterkühlung vorzubeugen

Sie merken, daß es Winter wird, wenn Ihr Bobtail aussieht, als hätte er sich ein zweites Fell übergezogen. Hunde sind nie falsch gekleidet – sie tragen ihr Lieblingsfell das ganze Jahr über –, doch Väterchen Frost kann ihnen trotzdem übel mitspielen. Schon bei wenigen Minusgraden können sich Hunde Erfrierungen oder eine Unterkühlung zuziehen, die im schlimmsten Fall sogar ihr Leben bedrohen.
Es gibt einige einfache Vorsichtsmaßnahmen, mit denen Sie Ihren Hund vor den Elementen schützen und sein Leben retten können, falls er versehentlich zu lange der Kälte ausgesetzt war.

Ist die Rasse kältefest? Nicht alle Hunde vertragen Kälte. Einem Labrador oder Schäferhund macht selbst grimmige Kälte nichts aus, während Zwergpudel oder Jack Russells manchmal schon frieren, wenn das Thermometer noch über Null steht. Wenn Sie nicht sicher sind, ob Ihr Hund kältefest ist, fragen Sie Ihren Tierarzt um Rat. Hunde, die leicht frieren, sollten Sie nicht draußen halten. Nehmen Sie sie ins Haus oder bieten Sie ihnen ein warmes Plätzchen in der Garage an.
Das Fell betrachten. Für die Zwingerhaltung im Winter eignen sich nur Hunde mit dickem Fell. Dasselbe gilt für längere Spaziergänge. Ein Labrador wird begeistert mitmachen, während Sie einem Deutsch Kurzhaar vermutlich keine Freude bereiten, wenn Sie ihn längere Zeit im Schnee sitzen lassen.
Das Fell pflegen. Wenn Ihr Hund einen dicken Winterpelz besitzt, müssen Sie darauf achten, daß das Fell nicht verfilzt. In nassen, verfilzten Haaren sammelt sich aller möglicher Schmutz, der zu Hautkrankheiten führen kann.
Packen Sie ihn warm ein. An besonders kalten Tagen sollten Sie Ihrem Hund etwas anziehen, bevor Sie mit ihm hinausgehen. Die meisten kurzhaarigen und viele kleine Hunde vertragen keine Kälte. Sehen Sie sich in den entsprechenden Abteilungen der Fachgeschäfte um – vielleicht finden Sie etwas, das Ihnen beiden gefällt.
Vergessen Sie die Pfotenwärmer. In Zoohandlungen gibt es zwar auch Schuhe für Hunde, doch die meisten Vierbeiner tragen sie nur ungern und streifen sie schnell wieder ab. Also sparen Sie Ihr Geld – Ihr Hund wird es Ihnen danken.

Wann muß der Hund zum Tierarzt?

War Ihr Hund so lange draußen, daß er sich Erfrierungen zugezogen hat? Erfrorene Gliedmaßen erkennen Sie leicht, denn sie sind gerötet, geschwollen und jucken. Reiben Sie sie vorsichtig mit einer Decke oder den bloßen Händen.
Erfrierungen sind gefährlich – bringen Sie Ihren Hund also so bald wie möglich zum Tierarzt.
Dasselbe gilt, wenn Ihr Hund unterkühlt ist, was Sie an seiner flachen Atmung, dem schwachen Puls und den zitternden Muskeln erkennen. (Wenn der Hund nicht mehr zittert, ist die Gefahr besonders groß, denn das bedeutet, daß sein Körper nicht mehr in der Lage ist, selbst Wärme zu erzeugen.) Bringen Sie den Hund ins Warme und wärmen Sie seinen Körper langsam wieder auf.
Benutzen Sie dazu aber keine Wärmelampen, Heizkissen oder andere Wärmequellen, denn das wäre zuviel des Guten. Wickeln Sie ihn stattdessen in eine Decke und drücken Sie ihn dicht an sich, damit Ihre Körperwärme auf ihn übergeht. Dann bringen Sie ihn zum Tierarzt.

Zeit zur Umstellung geben. Plötzlich einsetzende Kälte trifft nicht nur uns Menschen unvorbereitet. Ihr Hund braucht drei bis sechs Wochen Zeit, um sich ein Winterfell wachsen zu lassen.
Geben Sie ihm diese Zeit und beschränken Sie Ihre Ausflüge anfangs auf etwa 15 Minuten. Mit zunehmender Gewöhnung an die Kälte kann Ihr Hund dann auch länger draußenbleiben.
Bei der Hautpflege helfen. Die Winterluft trocknet die Haut stark aus, was zu Juckreiz führt. Um dies zu verhindern, geben Sie Ihrem Hund ein Vitamin B-Präparat, das auch Fettsäuren enthält. Sie bekommen es beim Tierarzt.
Für Schutz sorgen. Auch wenn Ihr Hund an das Leben im Zwinger gewöhnt ist, sollten Sie ihn in die Garage oder ein anderes Nebengebäude bringen, sobald grimmige Kälte angesagt ist.
Beachten Sie das Kältegefühl. Selbst wenn das Thermometer noch relativ erträgliche vier oder fünf Grad anzeigt, kann Ihr Hund frieren – wenn es windig ist. Bei Wind spürt er die Kälte viel extremer, und Sie sollten ihm einen warmen, windgeschützten Unterschlupf anbieten.
Angemessen füttern. Wenn Ihr Hund draußen lebt, wird er im Winter deutlich mehr Kalorien verbrennen, nur um warm zu bleiben.
Ein Hund, der viel Zeit draußen verbringt, braucht im Winter 25 bis 50 Prozent mehr Futter.

Die perfekte Hundehütte

Hunde, die im Zwinger leben, müssen eine Möglichkeit haben, sich vor Kälte, Regen und Schnee zu schützen. Eine gemütliche Hundehütte zeichnet sich durch die folgenden Merkmale aus:

Die richtige Größe. Wenn die Hütte zu groß ist, reicht die Körpertemperatur des Hundes nicht aus, um sie zu erwärmen. Sie sollte nur so groß sein, daß der Hund bequem hineingehen, sich darin umdrehen und darin liegen kann.

Die richtige Abdichtung. In der Hütte darf es nicht durchregnen. Als Einstreu eignen sich Stroh oder Sägespäne, denn damit geht keine Wärme durch den Boden verloren, und außerdem hat der Hund etwas, in das er sich hineinwühlen kann, wenn ihm kalt ist.

Ein erhöhter Eingang. Der Eingang sollte so hoch über dem Boden liegen, daß kein Wasser in die Hütte laufen kann. Außerdem sollte er möglichst klein sein, damit durch ihn nicht zu viel Wärme entweicht. Eine Plastikklappe vor dem Eingang dient als Windschutz.

Außerdem sollte das Dach etwas vorgezogen sein, damit der Hund sich auf seiner „Veranda" unterstellen kann, wenn es regnet, er aber nicht in die Hütte gehen will.

Selbst die teuerste Hundehütte der Welt taugt nichts, wenn Ihr Hund sie nicht benutzt. Eine gemütliche Hundehütte ist gerade so groß, daß sich der Hund darin umdrehen kann, aber auch so klein, daß er es sich behaglich machen kann.

Gefahr durch Frostschutzmittel

Die größte Wintergefahr für Ihren Hund steht in Ihrer Einfahrt – und sie tötet, ohne sich auch nur einen Zentimeter zu bewegen.
Jedes Jahr sterben Hunde, weil sie Äthylenglykol aufgeleckt haben, einen Bestandteil des Frostschutzmittels in Ihrem Autokühler. Es ist extrem giftig und hat zudem den Nachteil, daß es süß schmeckt und die Hunde es gern mögen.
Sorgen Sie dafür, daß Ihr Hund niemals Zugang zu Frostschutzmittel hat – lassen Sie die Flaschen nicht offen herumstehen und kontrollieren Sie regelmäßig, ob sich unter dem Auto Pfützen gebildet haben.
Sie können auch zu einem Frostschutzmittel wechseln, das ungefährlicher für Ihren Hund ist. Es gibt Produkte, die anstelle von Äthylenglykol Propylenglykol enthalten. Es verursacht zwar auch Verdauungsbeschwerden oder vorübergehende Störungen des Nervensystems, doch zumindest kein tödliches Nierenversagen.
Unabhängig davon, welche Art von Frostschutzmittel ihr Hund verschluckt hat, sollten Sie ihn auf jeden Fall sofort zum Tierarzt bringen.

Die Wasserversorgung kontrollieren. Bei Temperaturen unter dem Gefrierpunkt hat Ihr Hund kein Wasser mehr. Das ist gefährlich, denn eine Austrocknung tritt bei Hunden schon nach rund 20 Stunden ohne Wasser ein. Kontrollieren Sie den Wassernapf alle paar Stunden. Sie können aber auch eine heizbare Tränke installieren lassen. Achten Sie dabei aber darauf, daß die elektrischen Kabel außerhalb der Reichweite Ihres Hundes verlaufen.
Die Pfoten trimmen. Beim Herumtollen im Schnee setzen sich manchmal Eisklumpen zwischen den Zehen fest und verursachen dort Erfrierungen. Halten Sie die Haare zwischen den Zehen kurz, damit dies nicht passiert.
Das Eis zum Schmelzen bringen. Wenn Ihr Hund mit solchen Eisklumpen an den Pfoten nach Hause kommt, können Sie diese mit einem Fön zum Schmelzen bringen. Stellen Sie den Fön auf die niedrigste Stufe und bewegen Sie ihn kontinuierlich, bis das Eis geschmolzen ist.
Auf Verletzungen achten. Untersuchen Sie nach jedem Winterausflug die Pfoten Ihres Hundes auf Schnitte oder Abschürfungen durch Eisstücke. Behandeln Sie die Verletzungen mit antibiotischer Salbe und tragen Sie dann etwas Handcreme oder Aloe Vera auf, um die Ballen weich und elastisch zu halten.

Erziehung zur Sauberkeit

Dreizehn Tips, einen Hund stubenrein zu machen

Sie haben sich einen bildhübschen Welpen angeschafft, doch mittlerweile haben Sie den Eindruck, ein Auslaufmodell erstanden zu haben? Die Erziehung zur Sauberkeit ist nicht gerade einer der Höhepunkte im Zusammenleben mit Ihrem Hund, aber sie ist absolut notwendig. Die folgenden Tips sollen Ihnen helfen, diese schwierige Zeit mit Erfolg hinter sich zu bringen.

Betrachten Sie es als Unfall. Jedem Hund kann einmal ein Mißgeschick passieren, und es hilft nicht, wenn Sie schimpfen oder ihn mit der Nase hineinstoßen. Damit würden Sie Ihren Hund nur verschrecken und das Problem wahrscheinlich noch verschlimmern.

Immer wieder den rechten Weg zeigen. Wenn Sie Ihren jungen Hund auf frischer Tat ertappen, sagen Sie „Nein!“, heben ihn auf und tragen ihn nach draußen. Loben Sie ihn überschwenglich, wenn er das Richtige tut.

Den Geruch überdecken. Hunde riechen, an welchen Stellen sie sich schon einmal „verewigt“ haben und kehren gern an den Ort ihres Verbrechens zurück. Das können Sie verhindern, indem Sie die betroffenen Ecken gründlich saubermachen.

Geben Sie eine Vierteltasse Essig und einen Spritzer Spülmittel in etwas warmes Wasser. Mit dieser Mischung bearbeiten Sie den Fleck und tragen hinterher noch etwas auf, das den Geruch überdeckt – zum Beispiel ein paar Tropfen Pfefferminzöl.

Es gibt zwei Methoden, einen Welpen stubenrein zu machen, im Welpenzwinger und auf Zeitungspapier. Die meisten Fachleute geben der Zwingermethode den Vorzug – obwohl sie arbeitsaufwendiger ist. So funktionieren die beiden Methoden:

Ein Welpenzwinger. Wenn Sie mit Ihrem Welpen nach Hause kommen, setzen Sie ihn in einen Welpenzwinger, den Sie irgendwo in Ihrem Haus aufstellen können. Geben Sie ihm seine Lieblingsdecke und ein Spielzeug, damit er es gemütlich hat.

Nehmen Sie zuvor aber das Halsband ab, damit der Kleine nicht an den Gitterstäben hängenbleiben kann.

Erziehung zur Sauberkeit funktioniert im Welpenzwinger hervorragend: auch Welpen beschmutzen ihren Schlafplatz nicht gerne.

Bleiben Sie in der Nähe. Nehmen Sie den Welpen so oft heraus, daß ihm in seinem Zwinger nie ein Mißgeschick passiert. Die meisten Tiere beschmutzen nicht gern ihren Schlafplatz – deshalb funktioniert diese Methode auch so gut.

Junge Welpen müssen tagsüber etwa alle zwei Stunden hinaus und nachts alle vier Stunden. Im Alter von fünf Monaten sollten sie gelernt haben, die ganze Nacht dichtzuhalten.

Die Zeitungsmethode. Als Alternative oder Ergänzung zur Zwingermethode können Sie Zeitungen einsetzen. Diese Methode ist besonders zu empfehlen, wenn Sie tagsüber nicht dazu kommen, den Welpen hinauszubringen. Sperren Sie ihn in einen kleinen Raum, dessen Fußboden Sie mit alten Zeitungen abdecken. Lassen Sie den Welpen trotzdem hinaus, wann immer es Ihnen möglich ist, und loben Sie ihn, wenn er alles richtig macht. Und wenn ihm zwischendurch ein Mißgeschick passiert, schützen die Zeitungen Ihren Fußboden.

Ein kleineres Ziel bieten. Wenn Ihr Welpe sich allmählich besser unter Kontrolle hat, nehmen Sie einen Teil der Zeitungen weg, bis schließlich nur noch in einer Ecke eine liegt. Irgendwann wird Ihr junger Hund auch diese Zeitung nicht mehr brauchen.

Auf Warnsignale achten. Ob Sie Ihren Welpen nun im Zwinger oder mit Zeitungspapier erziehen, das Ziel ist in jedem Fall, ihn hinauszubringen, bevor etwas passiert. Warnsignale sind ein geduckter Gang und das suchende Herumlaufen, meistens im Kreis.

Wann muß der Hund zum Tierarzt?

Bisher war Ihr Hund perfekt sauber, doch auf einmal scheint er seine Erziehung vergessen zu haben. Vielleicht hat er sich nur den Magen verdorben – wenn er sich aber häufiger „danebenbenimmt", kann auch eine ernste Erkrankung dahinterstecken.
Es gibt Erkrankungen, bei denen solche Mißgeschicke unvermeidbar sind. Dazu gehören Entzündungen des Dickdarms oder der Harnwege und Tumore. Wenn Ihr Hund also auf einmal nicht mehr sauber ist und außerdem matt und fiebrig wirkt, blutigen Stuhlgang hat oder verstopft erscheint, zögern Sie nicht, mit ihm zum Tierarzt zu gehen.

Ein Zauberwort sprechen. Wenn Sie Ihren Welpen hinausgebracht haben, kann es helfen, ihm gut zuzureden. Sagen Sie etwas wie „Geschäft", „Gib dir Mühe" oder ähnliches. Welpen wollen alles richtig machen, und wenn sie erst begriffen haben, was das Zauberwort bedeutet, werden sie sich die größte Mühe geben.
Belohnen nicht vergessen. Sie können Ihren jungen Hund gar nicht genug loben, wenn er sein Geschäft verrichtet hat. Wenn Sie ihn überschwenglich belohnen, wird er versuchen, beim nächsten Mal wieder alles richtig zu machen.
Den Wecker stellen. In den ersten Wochen werden Sie sich darauf einstellen müssen, mitten in der Nacht aufzustehen, um den Welpen hinauszulassen. Ein sehr junger Hund kann beim besten Willen noch nicht die ganze Nacht „dichthalten".
Ein geregeltes Leben. Selbst stubenreine Hunde müssen sich spätestens nach zehn Stunden erleichtern können. Zwölf Stunden sind das absolute Maximum. Das Bierchen nach der Arbeit sollten Sie vergessen, es sei denn, Sie haben jemanden, der mit dem Hund hinausgeht, oder Sie besitzen eine Hundetür, durch die der Hund ins Freie gelangt.
Haben Sie Geduld. Junge und auch ältere Hunde machen gelegentlich Fehler. Manche Welpen lernen schon in wenigen Wochen, was von ihnen erwartet wird, während andere, vor allem kleinere Rassen, manchmal bis zu sechs Monate brauchen. Doch wenn Sie alles richtig machen, werden Sie schließlich Erfolg haben.

Fieber

Vier Tips zur Temperatursenkung

Ihr Hund liegt teilnahmslos herum, frißt nicht und fühlt sich heiß an? Wahrscheinlich hat er sich ein Virus eingefangen. Die normale Körpertemperatur eines Hundes liegt zwischen 38 und 39 Grad. Wenn sie höher steigt, ist das Tier krank, und Sie sollten es zum Tierarzt bringen. Sie können jedoch etwas dazu beitragen, daß die Temperatur sinkt und sich Ihr kranker Hund wohler fühlt.

Ein kühles Bad. Wenn Ihr Hund es sich gefallen läßt, können Sie ihn auch für fünf bis zehn Minuten in eine Wanne mit kühlem (nicht eiskaltem) Wasser setzen.
Kühlende Wickel. Eine andere Methode ist das Einhüllen in ein feuchtes Tuch. Die meisten Hunde lassen sich die Kühlung gern gefallen, vor allem, wenn Sie das Tuch immer feucht und kühl halten.
Sie können seinen Bauch auch mit einem Waschlappen betupfen, den Sie zuvor in Isopropyl-Alkohol getaucht haben. Der Alkohol verdunstet schneller und kühlt dabei die Haut.
Für Trinkwasser sorgen. Bei Fieber besteht die Gefahr, daß der Körper austrocknet – achten Sie also darauf, daß Ihr Hund frisches Wasser hat. Wenn er nicht trinken will, können Sie ihm Eiswürfel anbieten.
Keine Menschenmedizin. Geben Sie Ihrem Hund kein Aspirin oder andere fiebersenkende Mittel aus Ihrer eigenen Hausapotheke.

Wann muß der Hund zum Tierarzt?

In der Regel ist Fieber ein Hinweis auf eine harmlose Virusinfektion, es kann aber auch im Zusammenhang mit gefährlichen Erkrankungen wie einer Leber- oder Lungenentzündung auftreten.
Um die Temperatur zu messen, machen Sie die Spitze eines Rektalthermometers mit einer dünnen Schicht Vaseline gleitfähig. (Ein Thermometer für Menschen ist durchaus geeignet; allerdings sollten Sie eines extra für Ihren Hund anschaffen.) Halten Sie mit einer Hand den Schwanz des Hundes hoch und führen Sie mit der anderen Hand die Spitze des Thermometers in den After ein. Lassen Sie es zwei bis drei Minuten dort. Wenn die Temperatur mehr als 39 Grad Celsius beträgt, sollten Sie Ihren Hund vorsichtshalber zum Tierarzt bringen.

Flöhe

Fünfzehn Wege, die Plagegeister loszuwerden

Sie haben einen Floh im Fell Ihres Hundes entdeckt? Das ist noch gar nichts. Dieser eine Floh wird es im Laufe des nächsten Monats (mit Hilfe einiger Flohdamen) auf ungefähr 250 000 Nachkommen bringen. Außerdem können Sie davon ausgehen, daß auf jeden Floh, den Sie auf Ihrem Hund entdecken, noch rund 100 weitere kommen, die nicht auf dem Hund sitzen, sondern in Ihrem Garten, Ihrem Haus und Ihrem Bett.
Die kleinen Plagegeister sind schwer zu bekämpfen. Rechnen Sie nicht damit, sie jemals vollkommen loszuwerden. Sie können jedoch zumindest dazu beitragen, ihre Zahl in Grenzen zu halten. Die folgenden Maßnahmen sollen Ihnen dabei helfen.

Beginnen Sie mit einem Vollbad. Als erstes waschen Sie Ihren Hund mit einem milden Hundeshampoo. Dabei wird die erste Ladung Flöhe ertrinken. Sie können aber auch gleich zu einem speziellen Flohshampoo greifen.
Trockenreinigung. Eine Alternative zum Bad ist die Verwendung von Trockenshampoo, das auch ohne Wasser schäumt.
Mit Kräutern gegen Flöhe. Ein paar Tropfen Flohkraut- oder Eukalyptusöl im Shampoo helfen, die Flöhe zu vertreiben. Flohkrautöl ist allerdings giftig – es darf also nie unverdünnt angewendet werden.
Fellpflege. Ziehen Sie einmal am Tag einen Flohkamm durchs Fell. Tauchen Sie ihn nach jedem Strich in Seifenwasser, damit die im Kamm hängenden Flöhe ertrinken.
Verderben Sie den Flöhen den Geschmack. „Igitt!" sollen die Flöhe denken, wenn sie Ihren Hund beißen. Das können Sie erreichen, wenn Sie etwas Knoblauch und Bierhefe ins Hundefutter mischen. Viele Hunde haben dagegen nichts einzuwenden, und mit etwas Glück vertreibt der Geschmack die Flöhe.
Flohhalsbänder. Die gewöhnlichen, mit einem Insektizid imprägnierten Flohhalsbänder reichen bei starkem Befall oft nicht aus. Außerdem können sie die Haut reizen. Sinnvoller ist ein Halsband mit einem Wirkstoff wie Methopren, einem synthetischen Hormon. Es ist für Säugetiere praktisch ungiftig und sterilisiert die Floheier, so daß sie sich nicht weiterentwickeln.

Flohspray. Ein gutes Flohspray macht allen Untermietern im Fell des Hundes den Garaus.
Sorgen Sie beim Sprühen dafür, daß kein Gift in Augen, Ohren, Nase und Mund gelangt. Den Kopf behandeln Sie am besten, indem Sie ein Stück Stoff einsprühen und ihn damit abreiben. Flohpuder. Sie sind gewöhnlich weniger wirksam als Sprays, spielen bei der Flohbekämpfung aber trotzdem eine wichtige Rolle. Stäuben Sie Ihren Hund von Kopf bis Fuß damit ein und vergessen Sie auch den Schwanz nicht. Dann befördern Sie den Puder mit Kamm oder Bürste bis auf die Haut.
Um das Gesicht zu behandeln, nehmen Sie etwas Puder auf die Fingerspitzen und massieren es vorsichtig ein. Augen und Nase sollten Sie dabei großzügig aussparen.
Ein Flohbad. Effektiver als Puder oder Sprays ist ein Flohbad – eine Insektizidlösung, in die Sie Ihren Hund eintauchen. Bei besonders starkem Flohbefall kann ein solches Bad nötig sein. Blasen Sie zum Großangriff. Wenn Ihr Haus mit Flöhen verseucht ist, müssen Sie jeden einzelnen Raum aussprühen. Dafür eignen sich Produkte, die Methopren oder Fenoxycarb enthalten. Wirksam sind aber auch die handelsüblichen pyrethrinhaltigen Sprays.
Die Flöhe wegsaugen. Eine überaus wirksame und zudem ungiftige Methode, die Zahl der Flöhe zu reduzieren, ist das Staubsaugen – mindestens einmal wöchentlich. Konzentrieren Sie sich vor allem auf die Stellen, an denen sich Ihr Hund häufig aufhält, und saugen Sie alle Spalten, Ritzen und Ecken besonders gründlich aus.
Der vernichtende Schlag. Um zu verhindern, daß die hungrigen Flöhe aus Ihrem Staubsauger wieder heraushüpfen, knoten Sie den Staubbeutel in eine Plastiktüte ein und legen Sie sie in den Gefrier-

Die Flöhe programmieren

Mittlerweile ist die Geburtenkontrolle auch bei Flöhen ein Thema. Es gibt ein neues Medikament mit dem Namen Program, das neue Wege bei der Flohbekämpfung eröffnet.
Im Gegensatz zu Puder und Spray enthält Program kein Insektengift. Seine Funktion beruht auf dem Wirkstoffkomplex Lufenuron, der das Heranreifen der Floheier verhindert. Wenn ein weiblicher Floh Blut von einem mit Program behandelten Hund aufnimmt, wird er dadurch unfruchtbar. Natürlich müssen Sie auch weiterhin die erwachsenen Flöhe bekämpfen, doch Sie können zumindest davon ausgehen, daß diese keinen Nachwuchs mehr bekommen.

schrank oder in die pralle Sonne. Die extremen Temperaturen kann kein Floh überleben.

Keine Verstecke bieten. Je mehr Dinge bei Ihnen auf dem Fußboden herumliegen, desto besser können sich die Flöhe verstecken. Räumen Sie also Kartons, Spielsachen oder Bücher weg, sobald Sie sie nicht mehr brauchen.

Eine Falle aufstellen. Wenn die Flöhe zum Problem werden, können Sie nachts eine kleine Lampe brennen lassen, unter der Sie eine flache Schale mit etwas Wasser plazieren. Die Flöhe werden von der Wärme der Lampe angezogen, springen darauf zu und fallen ins Wasser. Dadurch wird das Flohproblem natürlich nicht gelöst, aber in einem Krieg zählt jede Leiche.

Lassen Sie den Hund nicht in jedes Zimmer. Je weniger Räume Ihr Hund betritt, desto weniger Arbeit haben Sie. Ein paar verschlossene Türen werden ihn wahrscheinlich nicht stören, aber sie halten einen Großteil der Flöhe fern.

Legen Sie einen Waschtag ein. Gewöhnen Sie sich an, die Decke Ihres Hundes mindestens einmal pro Woche zu waschen.

Wenn Ihr Hund eine Unterlage oder Matratze benutzt, die schwer zu waschen ist, überziehen Sie sie mit einer Hülle oder einem Handtuch. Achten Sie beim Abziehen darauf, das Tuch sorgfältig zusammenzurollen, damit darauf liegende Floheier nicht herunterfallen. Wenn das passiert, ist die ganze Mühe umsonst.

Pflegen Sie Ihr Auto. Wenn Sie Ihren verflöhten Hund im Auto transportieren müssen, wird Ihnen nichts anderes übrigbleiben, als den Innenraum gründlich auszusaugen oder gleich mit einem Flohspray auszusprühen, denn es gibt kaum etwas Schlimmeres als ein Auto voller Flöhe.

Futterallergien

Neun Methoden, die verhindern, daß Essen krank macht

Frißt Ihr Hund sein Futter, um es gleich darauf wieder von sich zu geben? Kommt sein Hinterbein aus der „Kratzhaltung“ gar nicht mehr heraus? Hunde, die allergisch gegen ihr Futter sind, leiden unter den verschiedensten Beschwerden, die von Erbrechen über Durchfall bis hin zu unerträglichem Juckreiz reichen. In den meisten Fällen sind solche Allergien jedoch leicht zu behandeln. Hören Sie einfach auf, das gewohnte Futter zu geben, und finden Sie eines, das Ihr Hund verträgt. Um Ihrem Hund die Freude am Fressen zurückzugeben, können Sie folgende Maßnahmen ergreifen:

Keine Häppchen vom Tisch. Es gibt einige Lebensmittel, die viele Hunde nicht vertragen. Leckereien wie Käse, Wurst, Thunfisch aus der Dose und das Weiße vom Ei können Allergien auslösen.

Die Milch streichen. Viele Hunde vertragen weder Milch noch Käse, weil ihnen das Enzym Laktase fehlt, das zur Verdauung von Milchzucker gebraucht wird. Wenn das der Fall ist, verursachen Milchprodukte Durchfall.

Futterwechsel. Wenn Sie herausfinden wollen, welches Futter oder welche Zutat der Hund nicht verträgt, bleibt Ihnen nichts anderes übrig, als für einen Zeitraum von bis zu 12 Wochen das Futter zu wechseln. Füttern Sie so lange etwas anderes, bis die Allergie verschwunden ist. Dann geben Sie wieder die alten Futtersorten, eine nach der anderen, bis die Symptome wieder auftreten und Sie den Verursacher gefunden haben.

Etwas ganz Neues füttern. Um mit dem Futterwechsel Erfolg zu haben, müssen Sie ein neues Futter wählen, dessen Zutaten dem Hund vollkommen unbekannt sind. Einfach nur die Sorte zu wechseln, hat keinen Sinn, weil viele Hersteller dieselben Inhaltsstoffe verwenden. Das ideale Futter enthält eine Proteinquelle, die der Hund bisher nicht genutzt hat.

Lesen Sie das Etikett Ihres bisherigen Hundefutters. Zu den Zutaten können Nahrungsmittel wie Rindfleisch, Fisch, Huhn, Ei, Milch, Weizen, Soja oder Mais gehören. Jetzt wissen Sie, welchen Zutaten Ihr Hund bisher ausgesetzt war und müssen versuchen, ein Futter zu finden, das keine davon enthält.

Eine Allergie kommt selten allein

Die Ursache für eine Futterallergie ist oft schwer zu finden, zumal manchmal noch eine Überempfindlichkeit gegen andere Dinge wie Flöhe oder Pollen dazukommt. Manche Hunde zeigen auch nur Symptome, wenn sie allen Auslösern ihrer Allergie gleichzeitig ausgesetzt sind.
Diese Überempfindlichkeit ist zwar schwer nachzuweisen, aber dafür ziemlich leicht zu behandeln. Die Lösung von nur einem der Probleme – zum Beispiel die Bekämpfung des Flohbefalls – bringt vielfach auch die Futterallergie zum Verschwinden.

Kochen Sie selbst. Wenn Sie das Hundefutter selbst zubereiten, können Sie am besten kontrollieren, was der Hund in dieser Versuchsphase frißt. Eine gute Wahl ist zum Beispiel Reis gemischt mit einer Babynahrung, die Lamm enthält (vorausgesetzt, Sie haben nicht bisher Hundefutter mit Lamm verwendet).
Neue Sorten ausprobieren. Wenn Sie nicht selbst kochen wollen, können Sie auch Dosenfutter verwenden, müssen aber darauf achten, daß es „ungewöhnliche" Proteinquellen enthält wie zum Beispiel Kaninchen oder Wild.
Keine Zwischenmahlzeiten. Solange Sie herauszufinden versuchen, was die Allergie auslöst, sind die Biskuits, die leckere Vitaminpaste und alle anderen Snacks vom Speiseplan gestrichen. Bevor Sie wissen, was der Auslöser ist, darf über die Lippen Ihres Hundes nichts kommen außer dem gewählten Futter und möglichst destilliertem Wasser.
Die Umkehrprobe. Wenn die Allergiesymptome verschwunden sind, können Sie wieder anfangen, die gewohnten Futtersorten zu verwenden, aber immer nur eine zur Zeit. Geben Sie jede Sorte etwa fünf Tage lang.
Um herauszufinden, ob Ihr Hund zum Beispiel gegen Soja allergisch ist, geben Sie ihm etwas Tofu. Andere Nahrungsmittel, die in Frage kommen, sind Rind, Huhn, Weizen, Mais und Eier. Die meisten Hunde reagieren nur auf einen oder zwei dieser Inhaltsstoffe.
Sie sollten irgendwann in der Lage sein, die Futterallergie an- und abzuschalten wie einen Lichtschalter. Immer, wenn die Symptome auftreten, gilt das Prinzip von Ursache und Wirkung.
Die Auswahl nutzen. Wenn Sie herausgefunden haben, was Ihr Hund verträgt, kaufen Sie nur noch die entsprechenden Futtersorten. Bei der großen Auswahl an Hundefutter dürfte das kein Problem sein.

Futterverweigerung

Sechs appetitanregende Vorschläge

Sie geben sich alle Mühe, das Feinste und Beste zu kaufen, und trotzdem rümpft Ihr Hund die Nase?
Machen Sie sich deswegen keine Sorgen. Es schadet einem Hund nicht, wenn er gelegentlich eine Mahlzeit ausfallen läßt. Außerdem gibt es ein paar Methoden, einen Hund zum Fressen zu bewegen. Versuchen Sie doch einmal eine der folgenden:

Niemals betteln. Wenn Sie ein Hund wären, würde es Ihnen doch sicher auch gefallen, wenn sich Ihr Mensch vor Ihrem Napf auf Hände und Knie niederläßt, Sie streichelt und liebkost und Sie anfehlt, doch bitte Ihr leckeres Futter zu fressen? Sie würden die Zuwendung genießen und diesen Moment bestimmt nicht damit verderben, daß Sie sofort anfangen, Ihr Futter zu verschlingen. Statt Ihren Hund anzuflehen, sollten Sie ihm das Futter hinstellen und dann weggehen. Allmählich wird er lernen, sein Futter auch ohne Streicheleinheiten zu fressen.
Ein Zeitlimit setzen. Wenn Ihr Hund nach einer Stunde immer noch nicht aufgefressen hat, nehmen Sie den Napf weg. Geben Sie ihn ihm später wieder, aber lassen Sie ihm erneut nur eine Stunde Zeit. Hunde, die ständig Futter zur Verfügung haben, sind meistens besonders wählerisch. Macht man ihnen aber klar, daß sie entweder fressen oder hungern müssen, entscheiden sich die meisten von ihnen fürs Fressen.

Wann muß der Hund zum Tierarzt?

Ihr Hund rührt sein Futter nicht an, obwohl es seine Lieblingssorte ist? Es kann also nicht daran liegen, daß er es nicht mag. Aber woran liegt es dann?
Im Regelfall ist es nichts, worüber Sie sich Sorgen machen müßten. Selbst die besten Fresser lassen manchmal eine Mahlzeit aus – zum Beispiel, weil sie Bauchschmerzen haben oder noch mit einer neuen Situation wie einem Umzug oder Besuchern im Haus fertigwerden müssen. Wenn Ihr Hund aber drei oder vier Tage das Futter verweigert, müssen Sie mit ihm zum Tierarzt.

Keine Essensreste füttern. Natürlich freut sich Ihr Hund, wenn er Reste von Ihren Speisen bekommt oder bei Tisch etwas ergattert, doch diese Leckereien verderben ihm den Appetit und können ihn krank machen. Außerdem – würden Sie Hundefutter essen, wenn Sie wissen, daß es abends Steak gibt?

Manche mögen's heiß. Wenn Ihr Hund Trockenfutter verschmäht, lassen Sie es in etwas warmem Wasser aufquellen. Dadurch wird es weicher und so lecker wie ein selbstgekochter Eintopf.

Das Dosenfutter können Sie portionsweise in die Mikrowelle geben und leicht erwärmen, denn auch Hunde nehmen gern einmal eine warme Mahlzeit zu sich.

Den Gaumen kitzeln. Geben Sie etwas Ungewohntes über das Hundefutter – etwas, das das Interesse Ihres Hundes weckt. Übertreiben Sie es aber nicht – etwas Bratensoße ist in Ordnung, aber zuviel davon kann aus Ihrem Hund eine Tonne auf Beinen werden lassen.

Den Geruchssinn reizen. Achten Sie beim Einkauf auf Futtersorten, die besonders stark riechen. Je stärker der Geruch, desto begeisterter sind Hunde. Die meisten von ihnen bevorzugen Futtersorten mit Leber- oder Rindfleischgeschmack.

Geräusch-empfindlichkeit

Zwölf Methoden, ihm beizustehen, wenn es kracht

Verbringt Ihr Hund die Silvesternacht grundsätzlich zitternd und unter dem Bett? Gerät er bei Gewitter fast außer sich oder bellt wie rasend, sobald ein Schuß fällt? Hunde haben ein sehr feines Hörvermögen, und laute Geräusche können eine Qual für sie sein. Es ist schon vorgekommen, daß Hunde bei Gewitter durch Fensterscheiben gesprungen und mehrere Stockwerke tief gestürzt sind. Die Angst vor lauten Geräuschen darf nicht auf die leichte Schulter genommen werden.
Die folgenden Maßnahmen sollen Ihnen helfen, mit der Geräuschempfindlichkeit Ihres Hundes sicher umzugehen.

Lassen Sie ihn gewähren. Es ist ganz normal, daß sich ein verängstigter Hund irgendwo verkriecht – unter dem Bett, dem Schreibtisch oder sogar in der Badewanne. Wenn Ihr Hund einen Ort gefunden hat, an dem er sich sicherer fühlt, lassen Sie ihn dort bleiben.
Ein bequemes Versteck bieten. Es gibt Hunde, die Töpfe und Pfannen wegschieben, um Zuflucht im Küchenschrank zu suchen. So weit brauchen Sie nicht zu gehen, doch Sie sollten es Ihrem Hund leicht machen, ein sicheres Versteck zu finden. Wenn er sich unter dem Bett am sichersten fühlt, gewähren Sie ihm Zugang zum Schlafzimmer. Verkriecht er sich dagegen unter dem Schreibtisch, können Sie einen kleinen Anbau konstruieren, damit sowohl Ihr Hund als auch Ihre Beine dort Platz haben.
Sicherheit im Innenzwinger. Hunde haben weniger Angst, wenn sie ein eigenes Reich besitzen. Innenzwinger oder ihrer Größe angepaßte Transportboxen werden von ihnen als sichere Höhle betrachtet.
Wenn Sie dann noch eine Decke über Zwinger oder Box legen, wird Ihr Hund sich noch sicherer fühlen. Lassen Sie aber die Tür offen, damit er sich nicht gefangen fühlt. Machen Sie ihm seine Höhle möglichst gemütlich, mit einem Spielzeug und seiner Lieblingsdecke, aber wenn er nicht hineingehen will, sollten Sie ihn nicht dazu zwingen.
Zudecken hilft. Eine Decke über einen verängstigten Hund zu breiten, kann ihn beruhigen. Achten Sie nur darauf, seine Nase nicht mit abzudecken.

Viel Zuwendung. Wovor Ihr Hund sich auch fürchtet – Silvesterknaller oder Donner –, versuchen Sie, ihn durch besonders viel Zuwendung zu beruhigen.
Übertreiben Sie es aber nicht, sonst könnte es passieren, daß er beim nächsten Mal eine richtige Show abzieht, um in den Genuß der Streicheleinheiten zu kommen.
Den Lärm übertönen. Versuchen Sie doch einmal, den Gewitterlärm zu übertönen – zum Beispiel mit dem Staubsauger.
Klassische Musik. Entspannende Musik mit einem gleichmäßigen Takt kann ebenfalls helfen, Ihrem Hund die Angst zu nehmen. Versuchen Sie es zum Beispiel mit einem von Bachs Brandenburgischen Konzerten.
Keine Panik. Bleiben Sie selbst ruhig. Wenn Sie selbst einer Panik nahe sind, wird es Ihnen nicht gelingen, Ihren Hund zu beruhigen.
Die Angst wegspielen. Die beste Art, die Furcht vor lauten Geräuschen von vornherein zu vermeiden, ist, mit dem Hund zu spielen – nicht nur, wenn es donnert, sondern auch an anderen Tagen. Ein Hund, der ins Spiel vertieft ist, hat keine Zeit, Angst zu haben.

Berührungen, die beruhigen

Es liegt in Ihren Händen, Ihrem Hund die Angst zu nehmen. Die amerikanische Verhaltenstherapeutin Linda Tellington-Jones hat verschiedene Techniken entwickelt, die sie „Tellington-Touch" nennt und die von Tierhaltern in vielen Ländern mit Erfolg angewendet werden.
Die Techniken lassen sich weder als Massage noch als Akupressur definieren. Nicht einmal Linda Tellington-Jones selbst weiß, warum sie funktionieren, doch das tun sie ohne Zweifel.
Es gibt mehrere Möglichkeiten, den Tellington-Touch bei geräuschempfindlichen Hunden anzuwenden; eine von ihnen ist der Ohr-Touch. Stützen Sie den Kopf des Hundes mit einer Hand ab. Mit der anderen halten Sie das Ohr sanft zwischen Daumen und Zeigefinger. Dann streichen Sie mit dem Daumen vom Ohransatz zur Spitze. Wiederholen Sie die Bewegung mehrmals und streichen Sie dabei stets einen anderen Bereich des Ohrs ab. Sie können aber auch mit Ihren Fingern kleine Kreise am Ohransatz beschreiben.
Den Touch am Ohr sollten Sie zunächst üben, wenn Ihr Hund gerade keine Angst hat, damit er die Behandlung nicht mit dem verbindet, was ihm Angst macht. Streicheln Sie die Ohren jeweils fünf bis zehn Minuten – wenn Ihr Hund begeistert ist, gern auch länger.

Wenn Ihr Hund durch laute Geräusche erschreckt wurde, können Sie ihn wieder beruhigen, indem Sie sein Ohr zwischen Daumen und Zeigefinger streicheln.

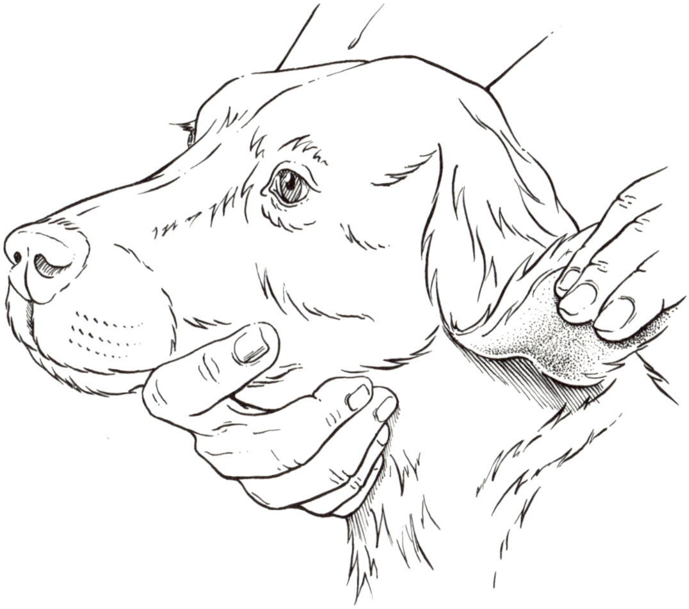

Auf die Couch. Um die Geräuschempfindlichkeit in den Griff zu bekommen, arbeiten Fachleute mit der Desensibilisierungs-Methode. Sie ist zwar nicht einfach und braucht ihre Zeit, doch die Erfolge sind ausgezeichnet. Wenn es richtig gemacht wird, verlieren drei von vier Hunden dadurch ihre Angst. Fragen Sie Ihren Tierarzt nach einem geeigneten Therapeuten.

Gelassenheit auf Rezept. Wenn nichts anderes funktioniert, können Sie sich für den Silvesterabend ein Beruhigungsmittel für Ihren Hund besorgen. Der Tierarzt wird Sie beraten, welches Mittel am besten geeignet ist und wie Sie es dosieren müssen.

Geben Sie nach. Wenn Ihr Hund die Silvesterknallerei absolut nicht verträgt, sollten Sie überlegen, über die Feiertage zu verreisen – am besten in eine möglichst einsame Gegend. Ihrem Hund wird diese Lösung bestimmt gefallen.

Geschwülste und andere Neubildungen

Sechs Wege, mit ihnen umzugehen

Ihr Hund war immer glatt und schlank, doch seit kurzem ertasten Ihre Finger eine Schwellung unter seiner Haut. Woher kommt sie?
Leider erkranken ältere Hunde manchmal an Krebs, und die Tumore können sich im Körper, aber auch auf der Haut bilden. Wenn Sie bei Ihrem Hund eine Geschwulst entdecken, müssen Sie jedoch nicht gleich das Schlimmste annehmen, denn es ist gut möglich, daß das, was Sie für eine Krebsgeschwulst halten, nur eine relativ harmlose Fettgeschwulst oder eine Zyste ist. Lassen Sie die Neubildung auf jeden Fall vom Tierarzt untersuchen.

Keine Angst vor Zysten. Wenn Ihr Tierarzt bei der Routineuntersuchung Zysten feststellt, brauchen Sie sich keine Sorgen zu machen. Diese mit Flüssigkeit gefüllten Blasen sind fast immer harmlos und brauchen nicht entfernt zu werden.
Gelegentlich bilden sich diese Zysten allerdings an Stellen, an denen sie stören – zum Beispiel am After –, wo sie ständigen Reizungen ausgesetzt sind. In diesem Fall wird der Tierarzt zur operativen Entfernung raten.
Für Sauberkeit sorgen. Manchmal platzt eine Zyste von selbst, und die Haut entzündet sich. Halten Sie die Stelle mit Wasser und Seife sauber oder betupfen Sie sie mehrmals am Tag mit Alkohol. Er stoppt die Infektion und lindert den Juckreiz.
Regelmäßige Untersuchungen. Wenn Sie Ihren Hund regelmäßig ausgiebig streicheln, werden Sie mögliche Neubildungen rechtzeitig entdecken – und machen gleichzeitig Ihren Hund glücklich. Nehmen

Wann muß der Hund zum Tierarzt?

Der Großteil aller Neubildungen ist harmlos, doch das kann nur der Tierarzt feststellen. Ihre Aufgabe ist es, die Geschwulst rechtzeitig zu entdecken und den Hund dann zum Tierarzt zu bringen. Er wird entscheiden, ob eine Behandlung erforderlich ist.

Darauf sollten Sie achten

Nur der Tierarzt kann feststellen, ob eine Geschwulst gut- oder bösartig ist, doch es gibt einiges, auf das Sie achten sollten.

- Gleichmäßige Form. Gutartige Neubildungen sind meistens glatt und rund und eindeutig abgegrenzt.
- Beweglichkeit. Geschwülste, die sich unter der Haut verschieben lassen, sind gewöhnlich harmlos. Lipome zum Beispiel fühlen sich an wie Fettkügelchen unter der Haut.
- Lage. Die Geschwulst sollte sich anfühlen wie eine feste, auf einen Ort beschränkte Masse. Wenn sie sich auszubreiten scheint und einen größeren Bereich einnimmt, muß der Hund zum Tierarzt.
- Wachstum. Bösartige Tumore wachsen schnell und bluten manchmal auch. In diesem Fall muß der Hund sofort zum Tierarzt.

Sie diese sorgfältige Streichel-Untersuchung mindestens einmal im Monat vor.

Vorsicht, Sonne. Nicht nur zweibeinige Sonnenanbeter riskieren Hautkrebs, gefährdet sind auch Hunde mit heller Haut. Achten Sie darauf, daß Ihr Hund nicht stundenlang in der prallen Sonne liegt.

Sonnenschutz. Wenn Ihr Hund gern in der Sonne liegt, wie es zum Beispiel viele Bullterrier tun, sollten Sie gefährdete Körperteile mit Sonnenschutzcreme einreiben. Ein Lichtschutzfaktor von 15 sollte ausreichen.

Behandeln Sie damit die Ohren und die Nase. Es schadet Ihrem Hund nicht, wenn er den Sonnenschutz ableckt – vorausgesetzt, die Creme enthält kein Zink.

Ins Maul schauen. Das Maul zu kontrollieren, ist nicht sehr vergnüglich, vor allem, wenn der Hund in letzter Zeit überwiegend Leber oder Pansen gefressen hat. Sie sollten sich aber trotzdem dazu überwinden, denn Neubildungen im Maul sind öfter bösartig als die an anderen Körperteilen. Also schauen Sie Ihrem Hund regelmäßig ins Maul, damit Sie mögliche Geschwülste im Anfangsstadium entdecken.

Betrachten Sie die Zunge, die Lippen und die Innenseite des Mauls. Sehen Sie genau hin – manchmal sind die Neubildungen kaum größer als eine Bleistiftspitze. Wenn Sie etwas entdecken, das Sie sich nicht erklären können, fragen Sie Ihren Tierarzt um Rat.

Graben

Neun Wege, die Ausgrabungen zu stoppen

Sieht Ihr Garten aus wie eine Mondlandschaft? Sie lieben Ihren Hund, doch wenn er nicht aufhört, diese riesigen Löcher in den Rasen und die Beete zu graben, könnte sich das ändern?
Für Hunde ist das Graben etwas ganz Natürliches, das ihnen zudem viel Spaß macht.
Die folgenden Maßnahmen können helfen, die Erdarbeiten in Grenzen zu halten.

Für Bewegung sorgen. Gehen Sie mit Ihrem Hund jeden Tag mindestens eine halbe Stunde spazieren und sorgen Sie dafür, daß er sich dabei ausgiebig bewegt. Mit etwas Glück fehlt ihm danach die Energie für weitere Ausgrabungen.
Ein kühles Plätzchen anbieten. Wenn Ihr Hund nur in den Sommermonaten Löcher gräbt, kann es sein, daß er einen kühlen Schlafplatz sucht. Erde isoliert hervorragend, und das scheinen auch Hunde zu wissen. Das Problem ist nur, daß der Hund gezwungen ist, ein neues oder tieferes Loch zu graben, sobald das erste warm geworden ist. Um zu vermeiden, daß Ihr Garten irgendwann aussieht wie ein Schlachtfeld, stellen Sie Ihrem Hund ausreichend Wasser hin und sorgen Sie dafür, daß ihm kühle und schattige Ruheplätze zur Verfügung stehen.
Dasselbe Problem im Winter. Viele Hunde graben sich auch im Winter Erdlöcher, um sich darin vor Kälte und Wind zu schützen. Um dies zu verhindern, holen Sie Ihren Hund entweder ins Haus, wenn es kalt wird, oder bieten Sie ihm draußen einen geschützten Unterschlupf an.
Hilfe bei der Gartenarbeit. Wenn Ihr Hund beobachtet, wie Sie im Garten graben, kann es passieren, daß er es so spannend findet, daß er später noch einmal hinausgeht und es Ihnen nachmacht. Um das zu verhindern, sollten Sie ihn für die Dauer Ihrer Arbeiten im Haus einsperren.
Den Drang dämpfen. Es kann sein, daß Ihr Hund sich nur unter dem Zaun hindurchgräbt, weil er sich paaren will. Lassen Sie ihn oder sie kastrieren, und den Fluchtversuchen ist ein Ende gesetzt.
Eine schützende Abdeckung. Breiten Sie eine schwere Plane oder Maschendraht an den Stellen Ihres Gartens aus, an denen Ihr Hund bevorzugt gräbt. Damit unterbrechen Sie seine Gewohnheit, und wenn

er die Freuden des Grabens vergessen hat, können Sie die Abdeckung wieder entfernen.

Sagen Sie ihm die Meinung. Wenn Sie Ihren Hund das nächste Mal beim Umgraben Ihres Gartens erwischen, sagen Sie streng „Nein!“. Reicht das nicht aus, klatschen Sie in die Hände oder machen Sie irgendein Geräusch, das ihn erschreckt. Sie könnten auch versuchen, ihn mit dem Wasserstrahl des Gartenschlauches zu überzeugen.

Für Ablenkung sorgen. Sobald Ihr Hund gehorcht, wenn Sie ihm das Graben verbieten, müssen Sie ihn loben. Dann lenken Sie ihn ab, zum Beispiel durch ein Ballspiel oder sein Lieblingsspielzeug. Auf diese Weise lernt er, daß es Dinge gibt, die noch mehr Spaß machen, als den Garten umzugraben.

Schenken Sie ihm ein Loch. Es gibt Hunde, die geradezu süchtig danach sind, irgendwo zu graben. In diesen Fällen sollten Sie nachgeben, anstatt einen Kampf zu führen, den Sie nicht gewinnen können.

Zäunen Sie in einer schattigen Ecke Ihres Gartens eine etwa ein mal zwei Meter große Fläche ein. Dann lockern Sie die Erde auf und vergraben vor den Augen Ihres Hundes einige seiner Spielsachen. Bis er versteht, daß er tatsächlich graben darf, werden Sie sich vielleicht auf Hände und Knie niederlassen und es ihm vormachen müssen. Wahrscheinlich werden Ihre Nachbarn Sie für verrückt erklären, doch das sollten Sie in Kauf nehmen. Feuern Sie Ihren Hund an, bis er verstanden hat, was er soll. Später brauchen Sie dann nur noch „Graben?“ oder etwas ähnliches zu sagen, und er wird zu seiner Grube laufen.

Ein eingezäunter Platz, an dem das Graben erlaubt ist, schützt den Rest des Gartens vor übereifrigen Pfoten.

Haarwechsel

Dreizehn Wege, der Flut von losen Haaren Herr zu werden

Ob Sie nun einen kurzhaarigen Dalmatiner oder einen langhaarigen Collie Ihr eigen nennen – wenn der Sommer kommt, wird mehr durch die Luft fliegen als nur Blütenpollen.
Wenn Ihr Hund sein Winterfell abstößt, verliert er täglich Tausende von Haaren. Haare, die Sie auf Teppichen und Möbeln und in Ihrem Essen wiederfinden.
Hunde, die im Haus gehalten werden, haaren das ganze Jahr über, solche, die draußen im Zwinger leben, verlieren die meisten Haare im Frühjahr.
Die folgenden Maßnahmen erleichtern Ihrem Hund den Haarwechsel und halten Ihr Haus relativ sauber.

Bürsten, bürsten, bürsten. Die größten Erfolge lassen sich mit regelmäßigem Bürsten erzielen.
Nicht jede Bürste eignet sich für Ihren Hund. Lassen Sie sich im Zoogeschäft beraten.
Ob Sie Ihren Hund täglich oder nur einmal in der Woche bürsten müssen, hängt davon ab, wie stark er haart.
Alle Schichten bürsten. Damit das Bürsten Wirkung hat, müssen Sie mit leichtem Druck arbeiten. Kurze Striche sind besser als lange, weil sie die Bürste tiefer ins Fell eindringen lassen. Nur das Deckhaar glattzubürsten, ohne in die tieferen Schichten vorzudringen, hat wenig Sinn und trägt nicht dazu bei, die Flut von Haaren einzudämmen.
Gegen den Strich. Viele Hunde haben nichts dagegen, wenn man sie auch gegen die Haarrichtung bürstet. Dabei erwischt man auch die Haare, die der Bürste im ersten Durchgang entwischt sind. Abschließend wird noch einmal mit dem Strich gebürstet, damit das Fell wieder glatt liegt.
Vorsicht, Elektrostatik! Beim Kämmen gegen den Strich kann es passieren, daß Sie und Ihr Hund einen elektrischen Schlag bekommen. Das Fell lädt sich elektrostatisch auf, und bei Berührung entlädt sich die Spannung. Um dies zu verhindern, benutzen Sie eine antistatische Bürste, die eine Aufladung unmöglich macht.
Zweiter Durchgang mit dem Kamm. Nach dem Bürsten sollten Sie zum Kamm greifen, um die nächste Ladung Haare zu entfernen.

Wann muß der Hund zum Tierarzt?

Ihr Hund hat in den wärmeren Monaten immer stark gehaart, doch in diesem Jahr sieht es aus, als wollte er sein gesamtes Fell ausziehen – man sieht sogar schon die Haut durchscheinen.
Es gibt eine ganze Reihe von Hautproblemen, die mit Haarausfall einhergehen, unter ihnen Pilzinfektionen, Parasitenbefall und Hormonstörungen. Wenn Sie also das Gefühl haben, daß der Haarwechsel Ihres Hundes nie dagewesene Ausmaße annimmt, bringen Sie ihn vorsichtshalber zum Tierarzt.

Ein Stielkamm. Im Zoofachhandel gibt es Metallkämme mit einem Handgriff, die aussehen wie Miniatur-Harken. Mit ihnen läßt es sich gut arbeiten, und sie sind perfekte Waffen im Kampf gegen die Haare.
Gummistriegel. Pferdeleute benutzen Striegel aus weichem Gummi zum Entfernen der losen Haare. Das funktioniert auch bei Hunden, allerdings sollten Sie keinen normalgroßen Striegel nehmen, sondern einen, der für Kinderhände gedacht ist – schließlich ist Ihr Hund etwas kleiner als ein Pferd! Mit dem Striegel wird nur in Haarrichtung gearbeitet.
Noch ein Pferdetrick. Ein anderes Hilfsmittel, das eigentlich aus dem Pferdestall stammt, ist das Schweißmesser, ein biegsames Stück Metall mit einer gezahnten Seite und Handgriffen an jedem Ende. Wenn Sie damit arbeiten, wird das Ergebnis Sie überwältigen.
Wenn Sie einen langhaarigen Hund besitzen, machen Sie sich auf einen wahren Schneesturm von Haaren gefaßt.
Putzhandschuh. Hunde, die die Fellpflege mit Kamm oder Bürste ablehnen, haben gegen einen Putzhandschuh meistens nichts einzuwenden.
Diese Handschuhe sind mit kleinen Zähnchen aus Gummi oder Plastik besetzt und eignen sich hervorragend zum Entfernen loser Haare. Ihr Hund wird glauben, daß Sie ihn nur streicheln, und gar nicht merken, daß er gleichzeitig eine Menge Fell los wird.
Kämmen nach dem Bad. Ein Bad in warmem Wasser löst die Haare aus dem Pelz. Sie können Ihren Hund kämmen oder bürsten, solange er noch in der Wanne ist, oder es tun, während er trocknet oder Sie ihn trockenfönen.
Wenn das Fell Ihres Hundes allerdings stark verfilzt ist, sollten Sie die Verfilzungen vor dem Baden entwirren. Im nassen Zustand ist das Entfilzen fast unmöglich.

Nach dem Bad die Spülung. Verwenden Sie nach dem Baden Ihres Hundes eine speziell für Hunde konzipierte Spülung. Sie macht das Fell weicher und glatter und verhindert, daß es verfilzt.

Kein Tropenklima schaffen. Haben Sie es gern warm? Ihr Hund wird das ganze Jahr über haaren, wenn Sie die Thermostaten Ihrer Heizung voll aufdrehen.

In überheizten Räumen haaren Hunde im Winter ebenso stark wie im Frühjahr. Versuchen Sie, Ihre Heizung so einzustellen, daß es für Sie und Ihren Hund gleichermaßen angenehm ist. Stand der Korb Ihres Hundes bisher direkt neben der Heizung? Bringen Sie ihn an einen kühleren Ort.

Eine neue Frisur. Wenn es Sommer wird und Ihr langhaariger Freund genug Haare abgibt, um damit einen Kissenbezug zu füllen, sollten Sie ihn zum Trimmen bringen.

Danach wird er zwar immer noch haaren, doch zumindest haben Sie nun gegen kürzere Haare zu kämpfen.

Harnblasenschwäche

Sechs Methoden, den Fußboden trocken zu halten

Entdecken Sie zunehmend mehr nasse Stellen auf Teppich oder Fußboden? Dann kann es sein, daß Ihr Hund inkontinent ist – daß er seinen Harn nicht halten kann.
Junge Hunde machen Fehler, doch wenn Ihr ausgewachsener Hund plötzlich unsauber wird, kann eine Erkrankung der Nerven, der Nieren, der Harnwege oder anderer Organe dahinterstecken. Manchmal ist auch das Alter schuld – sehr alte Hunde sind oft nicht mehr in der Lage, ihre Blase zu kontrollieren. Dagegen können Sie kaum etwas tun, doch es gibt Möglichkeiten, „Unfällen" vorzubeugen.

Abends weniger Wasser geben. Bei einem inkontinenten Hund kann es helfen, wenn Sie ihm abends nur wenig Wasser hinstellen. Dann besteht die Hoffnung, daß er zumindest nachts „dichthält".
Etwas Wasser muß ihm aber immer zur Verfügung stehen, denn sonst besteht die Gefahr der Austrocknung.
Für Gelegenheiten sorgen. Kommt Ihr Hund nicht oft genug ins Freie? Gehen Sie öfter mit ihm vor die Tür, vor allem direkt nach dem Aufwachen. Belohnen Sie ihn, wenn er sein Geschäft verrichtet.
Windeln für alte Hunde. Wenn Ihr Hund seine Blase nicht mehr kontrollieren kann, können Sie ihm eine Windel umlegen. Windeln in verschiedenen Größen sind im Fachhandel erhältlich.

Wann muß der Hund zum Tierarzt?

Natürlich kann auch dem saubersten Hund einmal ein Mißgeschick passieren, doch wenn es häufiger vorkommt, ist er vermutlich krank.
Wenn er häufiger und an ungewöhnlichen Plätzen uriniert, kann er unter einer Blasenentzündung, Diabetes, einer Hormonstörung oder sogar Nierenversagen leiden. Außerdem gibt es Rassen wie etwa den Dobermann, bei denen angeborene Blasenprobleme gehäuft auftreten. Sie können nur durch eine Operation gelöst werden.
Wenn die Verhaltensänderung bei Ihrem Hund länger als zwei Tage anhält, sollten Sie ihn zur Untersuchung zum Tierarzt bringen.

Im Fachhandel gibt es Windeln für inkontinente Hunde aller Größen.

Sehr wichtig ist das regelmäßige Wechseln der Windeln, denn andernfalls können sich nässende Ekzeme bilden.

Auf Warnsignale achten. Wenn Ihr Hund unruhig im Kreis herumläuft und suchend den Boden beschuppert, sucht er mit Sicherheit nicht nach einem verlorenen Knochen. Bringen Sie ihn schnell hinaus, bevor das Malheur passiert.

Regelmäßige Futterzeiten einhalten. Manche Hunde „müssen" sofort nach dem Fressen. Wenn Sie Ihren Hund zu festen Zeiten füttern, wissen Sie genau, wann Sie ihn nach draußen führen sollten. Ihr Hund soll sich daran gewöhnen, daß er gleich nach dem Fressen die Gelegenheit hat, sich zu erleichtern.

Ein Ausweg: Der Zwinger. Manche Hunde sind einsam oder verängstigt, wenn ihr Besitzer nicht zuhause ist – das Ergebnis sind Pfützen im ganzen Haus. Um das Problem zu lösen, können Sie den Hund tagsüber in einen Außenzwinger sperren. Er wird seine Hütte sauberhalten, und wenn im Zwinger etwas passiert, läßt sich die Pfütze leicht wegspülen.

Harnwegsinfektionen

Vier Wege, ihnen vorzubeugen

Normalerweise verlangt Ihr Hund ein- oder zweimal am Tag, hinausgelassen zu werden, doch in letzter Zeit scheint er nur noch an der Haustür zu stehen. Und wenn er gerade draußen war, muß er schon wieder. Wenn das so weitergeht, werden Sie eine Drehtür brauchen.
Entzündungen von Harnleiter oder Blase treten nicht nur bei Menschen auf, auch Hunde können sich solche Leiden zuziehen. Bei einer solchen Infektion ist der Harnabsatz erschwert und zudem schmerzhaft.
Tierärzte empfehlen folgende Maßnahmen, um die Infektion unter Kontrolle zu bringen und Rückfälle zu verhindern.

Fruchtsaft. Er ist ein altes Hausmittel, das auch bei Hunden wirkt. Preiselbeer-, Orangen- oder andere Zitrussäfte machen den Urin sauer, was einen Teil der Bakterien absterben läßt.
Das Problem ist nur, einen Hund zum Safttrinken zu bewegen. Stellen Sie probeweise eine Schale Saft hin und warten Sie, was passiert. Sie können aber auch einen Teelöffel Saft unter das Futter rühren.
Häufig „Gassi gehen". Wenn der Urin zu lange in der Blase bleibt, können sich eventuell darin befindliche Bakterien vermehren und schließlich eine Entzündung verursachen. Ein Hund, der nur zweimal

Wann muß der Hund zum Tierarzt?

Manche Harnwegsinfektionen heilen von selbst, doch es kommt auch vor, daß die Bakterien bis in die Nieren vordringen und dort eine Entzündung hervorrufen.
Anzeichen für eine Nierenentzündung sind häufiges oder erschwertes Urinieren und vielleicht auch Blut im Urin. Manche Hunde bekommen auch Fieber.
Gehen Sie kein Risiko ein, wenn Ihnen etwas Ungewöhnliches auffällt. Der Tierarzt wird Antibiotika verschreiben, die verhindern sollen, daß aus einer kleinen Infektion ein lebensgefährliches Problem wird.
Wenn der Tierarzt Ihnen Antibiotika mitgibt, sollten Sie Ihren Hund immer dann damit behandeln, wenn er uriniert hat. Auf diese Weise verhindern Sie, daß das Medikament schnell wieder ausgeschieden wird.

am Tag hinaus kommt, wird eher eine Blasenentzündung bekommen als einer, der immer urinieren kann, wenn er den Drang verspürt.

Einen Hundesitter suchen. Wenn Sie Ihren Hund nur vor der Arbeit und dann erst wieder abends hinauslassen können, sollten Sie sich jemanden suchen, der auch tagsüber mit ihm vor die Tür geht. Vielleicht erklärt sich ein Nachbar, der selbst einen Hund hat, bereit, Ihren mitzunehmen.

Lassen Sie sich Zeit. Die meisten Hunde urinieren schon, wenn man nur mit ihnen vor die Tür geht, doch auf einem längeren Spaziergang werden sie es öfter tun. Gehen Sie deshalb mindestens zweimal täglich etwa zwanzig Minuten spazieren, damit Ihr Hund möglichst viel Urin absetzt.

Hautpilz

Zehn Methoden, ihn in den Griff zu bekommen

Wenn Ihr Hund plötzlich kahl wird, sollten Sie nicht automatisch annehmen, daß es am Alter liegt. Ganz im Gegenteil – wenn sein Pelz auf einmal aussieht wie ein Golfplatz mit achtzehn Löchern, leidet er vermutlich unter einer Pilzerkrankung, die Glatz- oder Scherpilzflechte genannt wird.

An Hautpilz können Hunde jeden Alters erkranken. Es entstehen runde, schuppende und haarlose Stellen am Kopf, den Ohren, den Pfoten und auf dem Rücken. Außerdem kann der Pilz sich in den Krallenbetten einnisten.

Gewöhnlich heilt die Pilzinfektion nach ein bis drei Monaten von selbst, doch bis dahin wird Ihr Hund ausnehmend häßlich aussehen. Außerdem ist die Krankheit ansteckend, und zwar auch für Menschen. Die folgenden Maßnahmen tragen dazu bei, den Pilz schnell zu besiegen.

Befallene Stellen freischneiden. Wenn das Haar um die erkrankten Hautpartien entfernt wird, kann sich der Pilz nur schwer ausbreiten; außerdem sind die Stellen dann leichter zu behandeln.

Abhängig davon, wie schnell das Haar Ihres Hundes wächst, werden Sie alle ein bis zwei Wochen nachschneiden müssen. Sie können dazu eine Schere verwenden, eine elektrische Schermaschine ist jedoch vorzuziehen, weil sie die Verletzungsgefahr verringert.

Die Haare entsorgen. Die Pilze überleben auch auf den abgeschnittenen Haaren. Achten Sie also darauf, sie sorgsam zu entfernen.

Für Sauberkeit sorgen. Um die haarlosen Stellen sauber und keimfrei zu halten, waschen Sie sie täglich mit einer antiseptischen Seife. Ihr Tierarzt kann Ihnen sagen, mit welchem Produkt Sie am besten verhindern, daß aus einer relativ harmlosen Pilzinfektion eine wesentlich gefährlichere bakterielle Infektion wird.

Die Pilze töten. Es gibt eine ganze Reihe von Salben, Cremes und Tinkturen, die gegen Pilze wirken. Lassen Sie sich vom Tierarzt beraten, welche davon für Ihren Hund geeignet sind. Reiben Sie die befallenen Stellen zweimal täglich mit dem Pilzmittel ein.

Vorbeugung. Um die Pilze loszuwerden und ihre Verbreitung zu stoppen, waschen Sie all Ihre Tiere mit einem pilztötenden Shampoo. Auch

Wann muß der Hund zum Tierarzt?

In der Regel äußert sich eine Pilzerkrankung nur in einem oder zwei kahlen Flecken, doch manchmal breitet sich die Infektion über den ganzen Körper aus und hinterläßt große, nässende Hautpartien.
In diesem Fall muß der Hund sofort zum Tierarzt. Er wird vermutlich Griseofulvin verschreiben, ein Pilzmittel zum Eingeben, das den Pilzbefall von innen bekämpft.
Griseofulvin tötet jedoch nicht nur die Pilze ab. Es dringt auch in die nachwachsenden Haare ein und beugt damit einer erneuten Infektion vor.

wenn nur eines befallen ist, müssen Sie Ihre anderen Haustiere ebenfalls behandeln.
Lassen Sie den Schaum beim Baden einige Minuten einwirken, bevor Sie ihn wieder abspülen.
Fellpflege. Regelmäßiges Kämmen oder Bürsten kann die Ausbreitung einer Pilzinfektion verhindern, denn es entfernt die Pilzsporen, bevor sie die Haut angreifen.
Um den Hund mit Kamm oder Bürste nicht immer wieder neu zu infizieren, müssen diese nach jeder Benutzung gründlich gereinigt und desinfiziert werden. Lassen Sie die Bürsten einige Minuten in dem Desinfektionsmittel liegen, bis sie vollkommen durchweicht sind.
Vorsicht, ansteckend! An den meisten Hundekrankheiten können Menschen sich nicht anstecken, doch die Glatzflechte gehört zu den Ausnahmen. Solange die Behandlung andauert, sollten Sie den Kontakt zu Ihrem Hund auf ein Minimum beschränken und Ihre Hände stets desinfizieren, wenn Sie ihn angefaßt haben.
Andere Haustiere schützen. Da die Pilze auch auf andere Tiere übertragen werden, sollten Sie Ihren erkrankten Hund von den anderen absondern, bis die haarlosen Stellen verschwunden sind oder der Tierarzt ihn für gesund erklärt.
Häufig staubsaugen. Die Pilze überleben sogar auf abgestoßenen Haaren. Häufiges Staubsaugen verhindert, daß sich Ihr Hund an diesen Haaren immer wieder neu infiziert.
Die Schlafplätze abdecken. Breiten Sie ein altes Laken oder eine Decke über die Lieblingsplätze Ihres Hundes, damit Ihnen keines der ausgefallenen Haare entgeht.
Weichen Sie die Decke alle ein bis zwei Tage in einer Desinfektionslösung ein und stecken Sie sie danach in die Waschmaschine.

Hautschäden durch Belecken

Elf Methoden, die gereizte Haut zu beruhigen

Am Morgen entdecken Sie bei Ihrem Hund eine etwa pfenniggroße kahle Stelle am Schwanzansatz. Mittags ist sie dann schon so groß wie ein Markstück und hat am selben Abend schon die Größe eines Fünfmarkstücks. Sie haben Angst, daß Ihr Hund bald vollkommen wund und kahl sein wird. Was ist mit ihm los?
Wahrscheinlich hat er sich wundgeleckt. Meistens beginnt es mit etwas, das die Haut reizt, wie zum Beispiel einem Flohbiß, den der Hund ausgiebig beleckt, was den Juckreiz noch verstärkt.
So entsteht ein Teufelskreis, denn je stärker der Juckreiz, desto mehr wird der Hund die Stelle kratzen oder lecken.
Die folgenden Tips sollen helfen, den Teufelskreis zu unterbrechen.

Beginnen Sie mit einem Haarschnitt. Da die wunden Stellen behandelt werden müssen, sollten Sie zunächst die sie umgebenden Haare wegschneiden.
Wenn die Wundstelle schon zu schmerzhaft ist und der Hund die Berührung nicht duldet, schieben Sie den Haarschnitt erst einmal auf.

Wann muß der Hund zum Tierarzt?

Das Schlimmste an wundgeleckten Stellen ist nicht ihre Schmerzhaftigkeit, sondern die Geschwindigkeit, mit der sie sich ausbreiten. Es kommt gar nicht selten vor, daß diese warmen, geschwollenen Stellen, aus denen übelriechender Eiter sickert, ihre Größe in wenigen Stunden verdoppeln oder sogar verdreifachen.
Manchmal verschwinden die Wunden von selbst wieder, es kann aber auch zu gefährlichen bakteriellen Infektionen kommen.
Wenn sich die Wunde im Laufe von 24 Stunden nicht deutlich gebessert hat, sollten Sie Ihren Hund zum Tierarzt bringen, der dann mit Antibiotika gegen die Infektion vorgehen wird.

Die Wunde gründlich reinigen. Wenn die wundgeleckte Stelle nicht übermäßig schmerzt, waschen Sie sie mit einer pH-neutralen, unparfümierten Seife ab.

Lindernde Umschläge. Um die Schmerzen zu lindern und gleichzeitig die Stelle sauberzuhalten, legen Sie mehrmals am Tag eine feuchte Kompresse auf. Sie weicht eventuelle Verklebungen auf.

Tauchen Sie ein sauberes, weiches Tuch in kaltes Wasser. Wringen Sie es gut aus und legen Sie es 10 bis 15 Minuten auf die wunde Stelle.

Ein stärkeres Gebräu. Um die Heilung zu beschleunigen, können Sie die Wundstellen mit schwarzem oder grünem Tee abwaschen. Tee enthält Tannin, das die Wunde austrocknet. Lassen Sie den Tee vor der Anwendung aber unbedingt auf Körpertemperatur abkühlen.

Burowsche Lösung. Eine andere Möglichkeit, die nässenden Stellen abzutrocknen, ist das Auftragen von stark verdünnter Burowscher Lösung dreimal täglich. Burowsche Lösung bekommen Sie in der Apotheke. Sie können sie entweder als Kompresse anwenden oder sie in eine Sprühflasche geben und aufsprühen.

Die Entzündung hemmen. Um Schwellung und Schmerzen zu verringern, können Sie eine Hydrokortisonsalbe dünn auftragen.

Hydrokortisonsalbe bekommen Sie in der Apotheke. Achten Sie darauf, daß es die einprozentige ist, und tragen Sie sie zweimal täglich auf. Die Salbe wird zwar schnell von der Haut aufgenommen, doch Sie sollten Ihren Hund nach der Behandlung eine Zeitlang ablenken, damit die Salbe wirken kann, bevor er sie wieder ableckt. (Wenn er sie später ableckt, ist das nicht schlimm; die Salbe schadet dem Hund nicht.)

Vitamin E äußerlich angewandt. Vitamin E-Kapseln aus der Apotheke eignen sich hervorragend zur Beruhigung der gereizten Hautpartien. Öffnen Sie einfach eine der Kapseln und streichen Sie das Gel ein- oder zweimal am Tag auf die Wunden.

Die pflanzliche Lösung. Auch der Saft der Aloe Vera-Pflanze lindert die Schmerzen und beschleunigt die Heilung.

Zwangsmaßnahmen. Wenn Ihr Hund nicht aufhört, die wunde Haut zu belecken, müssen Sie ihm eine Halskrause aus Plastik anlegen, die es ihm unmöglich macht, die verletzten Stellen zu erreichen.

Die Flöhe vernichten. In der Regel wird das Wundlecken durch Flohbefall ausgelöst. Sprühen oder pudern Sie Ihren Hund mit einem Flohbekämpfungsmittel ein, damit es nicht zu weiteren Verletzungen kommt.

Mögliche Ursache: Eine Allergie. Manchmal wird das selbstzerstörerische Lecken auch durch eine Futterallergie ausgelöst. In diesen seltenen Fällen dauert es rund einen Monat, bis sich der Zustand nach einer Umstellung des Futters bessert.

Herzkrankheiten

Sechs Tips zu einem gesunden Leben

Hunde bekommen keine verkalkten Arterien – egal, wieviel fette Speisen sie verzehren.
Trotzdem können sie Herzkrankheiten bekommen, zum Beispiel Herzklappenschäden, die die Leistungsfähigkeit des Herzens mindern. Herzkrankheiten müssen natürlich vom Tierarzt behandelt werden, doch es gibt auch einiges, das Sie tun können, um Ihrem kranken Hund das Leben leichter zu machen.

Die Verdauung entlasten. Eine große Mahlzeit am Tag belastet den Körper stärker als mehrere kleine. Verteilen Sie die Tagesration auf zwei bis drei Fütterungen – das bekommt nicht nur dem Magen besser, sondern auch dem Herzen.
Mit Fischölen gegen Herzinfarkt. Untersuchungen haben ergeben, daß die Verfütterung von Omega-3-Fettsäuren an Tiere den Blutdruck senkt und das Risiko von Blutgerinnseln, die schließlich zum Herzinfarkt führen, verringert.
Es ist zwar ein teurer Spaß, aber wenn Sie Ihrem Hund mehrmals in der Woche Fisch wie Hering, Makrele, Lachs oder Thunfisch – frisch oder

Wann muß der Hund zum Tierarzt?

Bei Hunden kommt es nicht so häufig zu Herzinfarkten wie beim Menschen, doch auch bei ihnen muß jedes Herzproblem so schnell wie möglich behandelt werden.
Anzeichen für ein Herzleiden sind Atemnot, Husten, Anschwellen des Bauchraums und eine bläuliche Verfärbung an der Innenseite der Lippen, die auf Sauerstoffmangel hinweist.
Auch das Tempo, in dem das Herz schlägt, verrat viel. Zum Pulsfühlen legen Sie Ihre Hand direkt hinter dem linken Ellenbogen auf den Brustkorb. Zählen Sie die Herzschläge 15 Sekunden lang mit und multiplizieren Sie das Ergebnis mit vier.
Das Herz eines Hundes schlägt gewöhnlich zwischen 60 und 160 mal pro Minute (das hängt von der Rasse ab). Ein schnellerer, langsamerer oder unregelmäßiger Puls ist ein Warnsignal, das Sie nicht auf die leichte Schulter nehmen dürfen.

Herzkrankheiten einfach wegbürsten

Es heißt, daß der Weg ins Herz eines Hundes über seinen Magen führt. Im Falle einer Herzkrankheit kann es jedoch sein, daß seine Zähne für eine gefährliche Abkürzung gesorgt haben.
Schlechte Zähne gehen oft mit einer Herzkrankheit einher. Bakterien dringen ins Zahnfleisch ein, geraten von dort in den Blutkreislauf und siedeln sich mit Vorliebe an den Herzklappen an. Nach spätestens fünf bis sechs Jahren kommt es dort zur Bildung von Narbengewebe.
Die einzige Möglichkeit, diesem verhängnisvollen Kreislauf vorzubeugen, ist regelmäßiges Zähneputzen. Geben Sie Ihrem Hund zusätzlich rohe Möhren und Kauspielzeug aus Hartgummi, denn sie wirken ebenfalls reinigend auf die Zähne.

aus der Dose – füttern, ist er ausreichend mit Omega-3-Fettsäuren versorgt. Eine einfachere Lösung ist die Verabreichung von Fettsäurekapseln, die Sie in der Apotheke bekommen. Fragen Sie aber vorher Ihren Tierarzt, zu welchem Produkt er Ihnen rät.
Übergewicht vermeiden. Übergewicht belastet das Herz ungemein und ist natürlich auch für Knochen und Gelenke nicht gerade gesund. Ihr Hund sollte so schlank sein, daß Sie die Rippen fühlen, wenn Sie ihm über die Seiten streicheln. Wenn dort nur Fett zu fühlen ist, sollten Sie sich vom Tierarzt einen Diätplan aufstellen lassen.
Salzarm füttern. Gesunde Hunde vertragen normale Salzmengen im Futter, doch bei herzkranken Hunden ist Vorsicht geboten.
Die meisten Hundefutter enthalten zwar relativ wenig Salz, doch das kann für einen herzkranken Hund immer noch zu viel sein. Wechseln Sie vorsichtshalber zu einem besonders salzarmen Diätfutter.
Für Bewegung sorgen. Die regelmäßige Bewegung hält Herz und Lunge in Form. Wenn Ihr Hund allerdings schon herzkrank ist, sollten Sie den Tierarzt fragen, wieviel er noch herumtollen darf.
Vitamine beugen vor. Untersuchungen haben ergeben, daß eine tägliche Gabe von Vitamin C, E oder Beta-Karotin dazu beiträgt, gefährliche Sauerstoffmoleküle in den Zellen unschädlich zu machen, die andernfalls das Herz schädigen würden. Die Vitamine, die auch als Antioxydantien bekannt sind, verlangsamen das Fortschreiten des Herzschadens. Fragen Sie Ihren Tierarzt nach der richtigen Dosierung.

Hüftgelenksdysplasie

Neun Vorschläge zur Schmerzlinderung

Früher war Ihr Hund kaum zu bremsen, doch heute ist seine Hinterhand so steif und schmerzhaft, daß er kaum noch aufstehen kann?
Es ist möglich, daß er unter Hüftgelenksdysplasie (HD) leidet. Bei diesem angeborenen Leiden sitzt der Oberschenkelknochen nicht so fest in der Gelenkpfanne, wie er sollte. Auf die Dauer kommt es an dieser Stelle zu schmerzhaften Abnutzungserscheinungen.
Wenn der Tierarzt HD feststellt, bedeutet das nicht unbedingt das Todesurteil für Ihren Hund. Viele Hunde können durchaus mit dem Problem leben – wenn der Besitzer ihnen ein wenig hilft.

Übergewicht vermeiden. Ein fetter Hund mit HD ist ein schrecklicher Anblick. Die kranken Gelenke werden durch das Übergewicht zusätzlich belastet. Wenn Sie das Gewicht Ihres Hundes verringern wollen, streichen Sie Leckerbissen und Essensreste vom Speiseplan und wechseln Sie zu einem Hundefutter, das viel Rohfaser und wenig Fett enthält.
Für Bewegung sorgen. Regelmäßige Bewegung stärkt die Muskeln der Hüftgelenke.
Gehen Sie zweimal täglich 20 Minuten mit Ihrem Hund spazieren – wenn er Freude an der Bewegung hat, ruhig auch länger. Dabei ist jedoch wichtig, daß Sie den Hund das Tempo bestimmen lassen. Zwingen Sie Ihren Hund nicht zum Laufen, wenn er Schmerzen hat, denn dadurch würde der Gelenkschaden noch schlimmer.
Schwimm-Therapie. Schwimmen ist eine hervorragende Übung für dysplasiekranke Hunde. Es trainiert die Muskeln und schont die Gelenke. Außerdem haben die meisten Hunde viel Freude daran.
Lassen Sie Ihren Hund schwimmen, solange er will. Achten Sie nur darauf, daß er sich nicht volkommen verausgabt.
Für Wärme sorgen. An warmen, trockenen Tagen sind die Schmerzen am geringsten. Lassen Sie Ihren Hund nicht draußen schlafen. Vor allem bei feuchtkaltem Wetter tun Sie ihm damit keinen Gefallen.
Das richtige Bett. Lassen Sie Ihren Hund entscheiden. Wenn er es vorzieht, auf einer Decke zu schlafen, ist das in Ordnung. Doch auch, wenn er eine Schaumstoffmatratze oder Ihr altes Kopfkissen wählt, sollten Sie ihn gewähren lassen.

Schlanksein ist in

Es gibt kaum etwas Niedlicheres als einen molligen Welpen. Doch wenn Ihr kugeliger kleiner Kerl einer Rasse angehört, bei der HD häufig auftritt – am gefährdetsten sind Deutsche Schäferhunde, Golden Retriever und andere große Hunde –, kann der Babyspeck schwerwiegende Folgen haben.

Experten vermuten, daß Übergewicht in der Hauptwachstumsphase – also im Alter von vier bis neun Monaten – dazu führen kann, daß sich die Hüftgelenke falsch entwickeln.

Das bedeutet natürlich nicht, daß schlanke Welpen nie HD bekommen, doch zumindest bleiben sie länger gesund.

Füttern Sie ein hochwertiges Welpenfutter – allerdings nur dreiviertel der auf der Packung angegebenen Menge. Wenn Sie Bedenken haben, daß die Menge nicht ausreichen könnte, achten Sie auf die Augen, das Fell und das Energieniveau Ihres Welpen, und Sie werden merken, daß er alles bekommt, was er braucht.

Wärmeanwendungen. Um die Schmerzen zu lindern, können Sie zweimal täglich etwa 10 bis 15 Minuten lang eine Wärmflasche über die kranken Hüftgelenke legen.

Massagen. Die Muskeln rund um die Hüftgelenke zu massieren, löst Verspannungen und lindert die Schmerzen. Benutzen Sie die Fingerspitzen oder den Handballen, um die Muskeln mit leichtem Druck kreisförmig durchzukneten. Wenn dem Hund die Massage unangenehm ist, verringern Sie den Druck oder hören ganz auf. Wenn der Hund die Massage aber genießt, können Sie jede Seite zehn Minuten oder länger behandeln.

Hilfestellung. Hunden mit HD fällt es schwer, eine Treppe hinaufzusteigen oder ins Auto zu springen. Wenn Sie Ihren Hund nicht jedesmal hochheben oder tragen wollen, bauen Sie ihm eine Rampe, die Sie mit einem Teppichrest überziehen sollten, damit Ihr Hund nicht ausgleitet.

Für festen Halt sorgen. Rutschige Fußböden sind eine Qual für Hunde mit HD. An strategischen Punkten ausgebreitete Läufer ermöglichen es ihnen, sich gefahrlos zu bewegen.

Hundekämpfe

Elf Methoden, die Kampfhandlungen zu unterbrechen

Ist Ihr Hund eigentlich lieb und freundlich, nur wenn er einen Artgenossen sieht, wird er zur Bestie?
Ein Kampf zwischen zwei Hunden sieht gefährlich aus – das ist er auch. Es gibt jedoch Wege, einen Kampf zu beenden, bevor eines der Tiere ernsthaft verletzt wird.

Hände weg. Kämpfenden Hunden ist es egal, wen sie erwischen. Viele Hundehalter haben schon böse Bißwunden davongetragen, als sie versuchten, die Kämpfer zu trennen. Wenn Sie eingreifen müssen, werfen Sie eine schwere Decke über die Kampfhähne. Sie schützt Ihre Hände, wenn sie nach Ihrem Hund greifen.
Den Kampf verbieten. Wenn Sie merken, daß ein Kampf bevorsteht, unterbrechen Sie schon das Vorgeplänkel mit dem tiefsten, lautesten „Nein", zu dem Sie fähig sind.
Hunde empfinden eine tiefe Stimme als drohendes Knurren und nehmen es eher ernst als ein helleres Kommando.
Sorgen Sie für Abkühlung. Wenn der Hundekampf zufällig in Reichweite eines Gartenschlauchs stattfindet, können Sie ihn benutzen, um die Kampfhandlungen augenblicklich zu beenden. Alternativ können Sie auch einen Eimer Wasser über die Tiere schütten.
Harmlose Streitereien erkennen. Wenn sich zwei Hunde begegnen, werden sie vielfach knurren oder die Zähne zeigen. In den meisten Fällen ist dies nur ihre Art, sich miteinander bekannt zu machen, und der vermeintliche Kampf endet schon nach ein oder zwei Minuten.
Für Kontakte sorgen. Um einem Hund beizubringen, daß fremde Artgenossen ihm nicht grundsätzlich feindlich gesonnen sind, sollten Sie ihm schon im Welpenalter die Gelegenheit geben, andere Hunde zu treffen – entweder auf dem Spaziergang oder bei einem Welpenkurs in der Hundeschule.
Planen Sie Zusammenkünfte im voraus. Wenn Sie zwei (oder mehr) Hunde miteinander bekannt machen wollen, nutzen Sie dazu eine Tageszeit, zu der die Tiere gewöhnlich besonders schläfrig sind – zum Beispiel direkt nach dem Füttern.
Ein neutrales Gebiet wählen. Wenn zwei Hunde sich kennenlernen sollen, sollte dies nicht an einem Ort geschehen, an dem einer der bei-

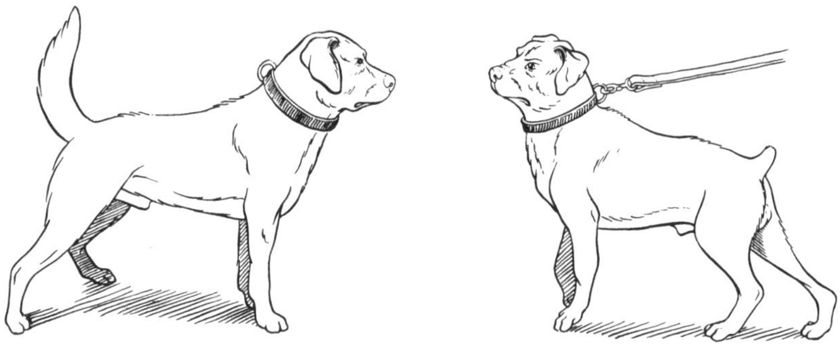

Wenn ein fremder Hund kommt, halten viele Leute ihren eigenen kurz. Leider geben sie ihm damit eine Körperhaltung, die Aggression und Kampfbereitschaft ausdrückt.

Hängt die Leine aber tief und locker durch, können sich die Hunde begrüßen, ohne gleich einen falschen Eindruck voneinander zu bekommen.

den zuhause ist. Viel besser ist es, die erste Begegnung an einem neutralen Ort, wie zum Beispiel im Park, stattfinden zu lassen.

Früh kastrieren lassen. Kastrierte Rüden verlieren viel von ihrer Kampfeslust, und auch bei Hündinnen verschwindet ein Teil des aggressiven Verhaltens. Die besten Erfolge erzielen Sie, wenn Sie den Eingriff vornehmen lassen, bevor die Tiere sechs Monate alt sind.

An die Leine nehmen. Behalten Sie Ihren Hund in der Öffentlichkeit immer an der Leine. Nur so können Sie ihn in Sicherheit bringen, wenn Kampfhandlungen drohen.

Die Leine tief halten. Es ist ganz natürlich, die Leine kurz zu fassen, wenn ein fremder Hund naht. Das Problem ist nur, daß Sie damit den Kopf Ihres Hundes aufrichten und daß der andere Hund diese Aufrichtung als Kampfbereitschaft deutet. Konzentrieren Sie sich beim Auftauchen fremder Hunde also darauf, die Leine tief und locker zu halten.

Die Rangordnung beachten. Hunde sind Rudeltiere mit einer strengen sozialen Ordnung. Um Kämpfe zwischen den eigenen Hunden zu vermeiden, sollte der älteste Hund immer bevorzugt behandelt werden. Er wird zuerst begrüßt, zuerst gebürstet und zuerst gefüttert.

Husten

Sieben Strategien, ihn zu stoppen

Menschen husten, um Staubpartikel, Bakterien, Haare und all die anderen Dinge loszuwerden, die tagein tagaus in Rachen und Luftröhre eindringen.

Wenn Ihr Hund hustet, sollten Sie es jedoch nicht auf die leichte Schulter nehmen. Einen einmaligen Huster können Sie ignorieren, doch wenn er mehrmals am Tag hustet, ist er vermutlich krank. Am ersten Tag können Sie versuchen, den Husten selbst in den Griff zu bekommen, doch wenn das nicht funktioniert, muß der Hund zum Tierarzt.

Schutz vor Reizstoffen. Auch Hunde werden durch Pollen, Staub und die Dämpfe, die von Reinigungsmitteln aufsteigen, zum Husten gereizt. Bringen Sie Ihren Hund versuchsweise in ein anderes Zimmer, wenn Sie staubsaugen oder -wischen. Wenn Sie starke Reinigungsmittel verwenden müssen, öffnen Sie die Fenster. Halten Sie Ihren Hund in den Sommermonaten frühmorgens und spätnachmittags im Haus, damit er weitgehend vor herumfliegenden Pollen geschützt ist.

Nehmen Sie Rücksicht. Sie wissen längst, daß das Rauchen Ihnen schadet, doch für Ihren Hund kann es gefährlicher sein als für Sie, weil die schweren Bestandteile des Rauchs zu ihm nach unten sinken.

Die Luft befeuchten. Trockene Luft trocknet die Schleimhäute in Mund und Nase aus, was zum Husten reizt. Nehmen Sie Ihren Hund mit ins Badezimmer, wenn Sie baden oder duschen. Ein Luftbefeuchter oder Vernebler hilft, die Luft in den anderen Räumen feuchter zu halten.

Geschirr statt Halsband. Übereifrige Hunde, die an der Leine ziehen und zerren, gefährden Kehlkopf und Luftröhre. Versuchen Sie, Ihren Hund besser zu erziehen oder tauschen Sie das Halsband gegen ein Geschirr aus, das nicht auf den Hals drückt.

Hustensaft. Geben Sie Ihrem Hund auf keinen Fall Ihren eigenen Hustensaft, weil viele der Präparate Substanzen enthalten, die Hunde nicht vertragen. Wenn Sie Ihrem Hund einen vom Tierarzt verschriebenen Saft eingeben müssen, halten Sie ihm den Kopf hoch, ziehen Sie auf einer Seite die Lefze lang und geben Sie den Saft mit einem Löffel in die entstandene Öffnung.

Gewichtskontrolle. Bei älteren Tieren, die chronisch husten, scheint das Gewicht eine bedeutende Rolle zu spielen. Wenn es Ihnen gelingt,

Wann muß der Hund zum Tierarzt?

Wenn Hunde husten, ist dies gewöhnlich ein Anzeichen für eine ernste Krankheit wie Lungenentzündung, Asthma, Bronchitis oder sogar einen Herzanfall. Wenn Ihr Hund häufiger hustet, muß er unbedingt zum Tierarzt.

das Übergewicht Ihres Hundes zu reduzieren, werden zukünftig viele Huster ausbleiben.

Für Ruhe sorgen. Streßsituationen können Hustenanfälle auslösen. Deshalb sollten Sie dafür sorgen, daß Ihr kranker Hund möglichst wenig gestört wird und viel Zuwendung von Ihnen bekommt.

Insektenstiche

Vier Methoden, den Schmerz zu lindern

Vor Mücken und anderen Blutsaugern sind zumindest die langhaarigen Rassen recht gut geschützt, doch die Stacheln von Wespen, Hornissen oder Bienen können auch den dicksten Pelz durchdringen. Stiche am Körper sind in der Regel ungefährlich, können aber sehr wehtun. Es gibt verschiedene Methoden, den Schmerz zu lindern.

Den Stachel entfernen. Wenn Ihr Hund von einer Biene gestochen wurde, können Sie davon ausgehen, daß der Stachel noch in der Haut sitzt. Scheiteln Sie vorsichtig das Haar und ziehen Sie ihn mit den Fingern oder einer Pinzette heraus. Wenn er an einer leicht zugänglichen Stelle sitzt, ist es noch besser, wenn Sie ihn mit dem Fingernagel oder der Kante einer Kreditkarte herausschieben. So vermeiden Sie, zusätzliches Gift in die Einstichstelle zu drücken.

Essig zur Linderung. Drücken Sie einen mit Essig getränkten Wattebausch auf die Einstichstelle.

Pflanzliche Hilfe. Eine dünne Schicht Aloe Vera-Gel lindert den Schmerz und fördert die Heilung. Wenn Sie keine Aloe Vera-Pflanze besitzen, können Sie das Gel in der Apotheke kaufen.

Für Kühlung sorgen. Eine kalte Kompresse verringert das Anschwellen der Einstichstelle. Geben Sie einige Eiswürfel in einen Waschlappen und drücken Sie ihn mindestens fünf Minuten lang auf den Stich. Das Eis macht die Haut unempfindlicher und dämpft dadurch den Schmerz.

Wann muß der Hund zum Tierarzt?

Normalerweise sind Insektenstiche nur schmerzhaft und lästig, doch in seltenen Fällen können sie tödlich enden. Hunde erkunden ihre Welt mit der Nase und werden deshalb oft ins Gesicht oder ins Maul gestochen. Wenn Nase oder Rachen daraufhin anschwellen, kann der Hund ersticken. Achten Sie sorgfältig darauf, ob sich die Schwellung in Grenzen hält oder gefährliche Ausmaße annimmt. Wenn Ihr Hund beispielsweise um 14 Uhr gestochen wurde und um 14.30 Uhr eine leicht geschwollene Lippe hat, besteht keine Gefahr. Wird er aber um 14 Uhr gestochen und hat schon um 14.05 Uhr eine enorme Schwellung, reagiert er sehr stark und sollte sofort zum Tierarzt gebracht werden.

Kauen

Sieben Methoden, Ihren Besitz vor Hundezähnen zu retten

Alle Hunde lieben es, auf etwas herumzukauen. Sie machen weder vor Tischbeinen noch Schuhen oder elektrischen Kabeln Halt.
Für den Hund ist es ein großer Spaß, auf etwas herumzubeißen, doch Ihre Einrichtung kann dabei buchstäblich „vor die Hunde" gehen. Wenn Ihnen die Kauwut Ihres Vierbeiners auf die Nerven geht, müssen Sie etwas unternehmen. Probieren Sie es mit den folgenden Tips.

Äußern Sie Ihr Mißfallen. Wenn Sie Ihrem Hund das Kauen nur ein einziges Mal durchgehen lassen, haben Sie bereits den Grundstein für eine lebenslange schlechte Angewohnheit gelegt. Sagen Sie jedesmal, wenn Sie ihn erwischen, streng „Nein!" Dann geben Sie ihm statt des verbotenen Gegenstandes etwas, auf dem er herumbeißen darf, und loben ihn, wenn er sich dafür interessiert.
Immer neue Spielsachen. Überschütten Sie Ihren Hund nicht mit einem Dutzend Kauknochen, sondern geben Sie ihm nur einen oder zwei zur Zeit. Es ist viel interessanter für ihn, wenn er alle paar Tage ein anderes Kauspielzeug bekommt.
Alle Register ziehen. Es sind vor allem junge Hunde, die nicht begreifen, warum ein Rohhautknochen erlaubt ist, sie ihre Zähne aber nicht in die Ledercouch schlagen dürfen. Um ihnen den Unterschied verständlich zu machen, müssen Sie dafür sorgen, daß das Kauspielzeug besonders anziehend wirkt.
Ziehen Sie den Kauknochen an einer Schnur hinter sich her, bis der Hund darauf aufmerksam wird, tauchen Sie ihn in Hühner- oder Fleischbrühe oder reiben Sie ihn zwischen den Händen, damit er Ihren Geruch annimmt. Wenn Ihr Hund dann anfängt, auf dem Spielzeug herumzukauen, loben Sie ihn ausgiebig.
Den Geschmack verderben. Wenn Ihr Hund darauf besteht, auf etwas herumzukauen, das Ihnen gehört, können Sie es mit einem Fernhaltespray vor weiteren Angriffen schützen. Zoogeschäfte bieten mehrere Varianten dieser Sprays an, darunter auch ein Konzentrat aus Apfel-Bitterstoffen. Der bittere Geschmack schreckt auch den kauwütigsten Hund ab.
Die richtige Würze verleihen. Auch Tabasco- oder Pfeffersauce hilft zuverlässig, einem Hund das Benagen von Gegenständen abzugewöh-

nen. Sie läßt sich von den meisten Oberflächen leicht wieder abwischen – allerdings sollten Sie zum Ausprobieren eine Stelle wählen, die man nicht sieht, für den Fall, daß orangefarbene Flecken zurückbleiben.

Die passende Duftnote wählen. Die meisten Hunde hassen den Geruch von Parfüms. Mischen Sie einen Teil Parfüm mit zehn Teilen Wasser und sprühen Sie die Lösung auf die gefährdeten Gegenstände. Je billiger das Parfüm, desto besser die Wirkung.

Die Schuhe verstecken. Viele Leute wundern sich, warum Hunde so gern Schuhe zerkauen. Das ist ganz einfach: Es liegt am Geruch, und außerdem macht das Kauen von Leder einfach Spaß. Wenn Sie also ein Paar teure Gucci-Schuhe besitzen, Ihr Hund aber noch nicht gelernt hat, was erlaubt ist und was nicht, sorgen Sie dafür, daß er Ihre Schuhe nicht findet.

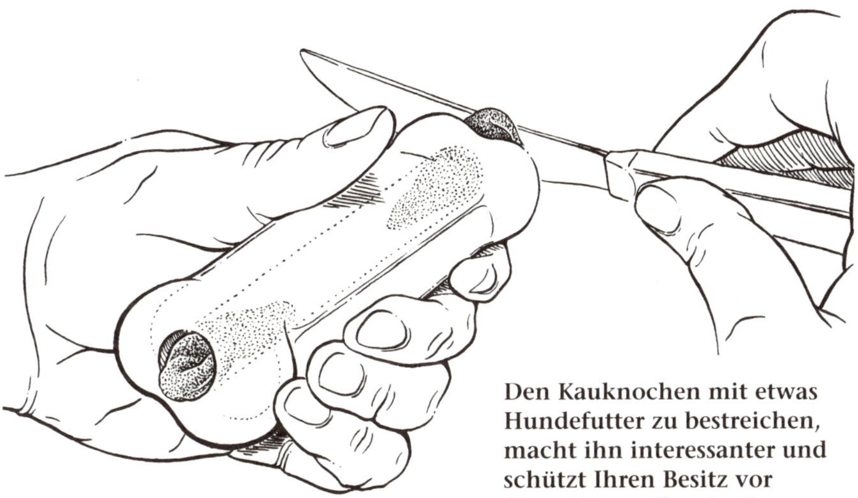

Den Kauknochen mit etwas Hundefutter zu bestreichen, macht ihn interessanter und schützt Ihren Besitz vor übereifrigen Hundezähnen.

Kletten

Acht Methoden, die stachligen Dinger aus dem Fell zu bekommen

Der Ausflug durch Feld und Wald hat Ihnen beiden gefallen, doch jetzt müssen Sie dafür bezahlen. Das Fell Ihres Hundes ist mit Kletten übersät. Kletten sind die rauhen, stachligen Samenkapseln bestimmter Pflanzen, und Ihr Hund scheint sie geradezu magisch anzuziehen. Abhängig von der Stelle, an der sie sich angeheftet haben, verursachen sie Verfilzungen, Hautreizungen und sogar Infektionen. Dazu kommt noch, daß sie manchmal außerordentlich schwer zu entfernen sind. Die folgenden Tips sollen Ihnen helfen, Ihren Hund wieder klettenfrei zu bekommen.

Alle Ecken absuchen. Kletten heften sich an die unmöglichsten Stellen, das bedeutet, Sie müssen alle Ecken und Winkel Ihres Hundes absuchen. Schauen Sie zwischen den Zehen, auf den Oberseiten der Pfoten, rund um die Hoden und in den Achselhöhlen nach – überall dort, wo Vertiefungen sind, in denen sich eine Klette verstecken könnte.
Vor Nässe schützen. Wenn Ihr Hund Kletten im Fell hat, sollten Sie aufpassen, daß er nicht naß wird. Beim Trocknen wird das verfilzte Fell rund um die Klette schrumpfen wie ein Wollpullover, und danach ist es noch schwieriger, die Klette zu entfernen.
Fingerarbeit. Es ist wichtig, Kletten möglichst bald zu entfernen, weil sie sich sonst tief ins Fell vorarbeiten, es verfilzen und schließlich die Haut reizen. Eine obenauf sitzende Klette können Sie mit den Fingern oder einer Pinzette herauszupfen. Wenn sie aber schon länger im Fell sitzt, wird sie fest mit den Haaren „verklettet" sein. Um die verfilzten Haare voneinander zu lösen, beginnen Sie am Rand und zupfen Haar für Haar aus dem Knoten heraus. Nach dem Entfernen der Klette wird die Stelle noch einmal gründlich gebürstet oder gekämmt.
Wie geschmiert. Wenn die Klette fest mit den Haaren verfilzt ist, hilft Pflanzenöl, sie herauszubekommen. Geben Sie einen Tropfen Öl auf die verfilzten Haare, dann lassen sie sich leichter auseinanderzupfen.
Letzter Ausweg: Der Griff zur Schere. Läßt sich die Klette nicht mit den Fingern herauszupfen, müssen Sie sie herausschneiden. Verwenden Sie dazu aber nur eine Schere mit abgerundeten Spitzen, damit Sie Ihren Hund nicht verletzen. Gehen Sie vorsichtig vor und schneiden Sie wirklich nur verfilzte Haare und nicht etwa Haut.

Gefährliches Gras

Anders als Kletten, die sich nur in den Haaren verfangen, können die Samen des Fuchsschwanzgrases die Haut durchdringen und sich durch den ganzen Körper bohren. In extremen Fällen dringen sie sogar in innere Organe oder das Gehirn vor. Häufiger bohren sie sich aber in die Ballen, die Ohren oder die Nase und verursachen an diesen Stellen schmerzhafte Abszesse. Die wirkungsvollste Maßnahme zur Verhütung ist es, Gebiete mit Fuchsschwanzgras zu meiden. Wenn das nicht möglich ist, sollten Sie das Fell Ihres Hundes kurz halten und ihn nach jedem Spaziergang gründlich nach den Grassamen absuchen.

Achten Sie dabei besonders auf die Zehenzwischenräume und alle Körperöffnungen. Selbst das kleinste Samenkorn muß entfernt werden, damit es nicht in den Körper eindringt. Wenn Ihr Hund in einer Gegend mit Fuchsschwanzgras herumgetollt ist und plötzlich anfängt zu niesen, sich mit der Pfote über die Augen zu fahren oder den Kopf zu schütteln, hat er wahrscheinlich einen Grassamen in Augen, Nase oder Ohren bekommen. Bringen Sie den Hund schnell zum Tierarzt.

Das hohe Fuchsschwanzgras wächst auf Wiesen und an Straßen- und Wegrändern.

Die Samen des Fuchsschwanzgrases durchbohren die Haut und können tief in den Körper eindringen. Entfernen Sie sie so schnell wie möglich.

Nehmen Sie sich Zeit. Kletten zu entfernen, dauert seine Zeit und ist auch nicht immer schmerzlos für den Hund. Arbeiten Sie höchstens zehn Minuten lang an den Kletten und gönnen Sie Ihrem Hund dann eine Pause. Belohnen Sie ihn zwischendurch mit einem Leckerbissen.

Das Fell kurzhalten. Natürlich haften Kletten auch an kurz getrimmtem Fell, doch sie sind aus kurzen Haaren leichter zu entfernen.

Das Klettengebiet meiden. Sie wissen, daß Ihr Hund nach Ausflügen in eine bestimmte Gegend immer voller Kletten ist? Gehen Sie beim nächsten Mal woanders mit ihm spazieren – vielleicht haben Sie Glück.

Körpergeruch

Sieben Tips zum Schutz Ihrer Nase

Mit seinem Geruch wird Ihr Hund bestimmt keine Karriere machen – es sei denn, jemand erfindet das „Eau de Hund“. Gibt es immer wieder Zeiten, in denen Ihr Vierbeiner stinkt wie ein alter Käse?
Manche Hunde riechen von Natur aus etwas streng, doch in der Regel stinken Hunde nur, wenn sie sich in etwas Stinkendem gewälzt haben oder wenn die Fettschicht in ihrem Fell ranzig geworden ist.
Tierärzte empfehlen folgende Maßnahmen, um dem Hund wieder zu einer erträglichen Duftnote zu verhelfen:

Mit einem Bad beginnen. Wenn Ihr Hund allzusehr nach „Hund“ riecht, sollten Sie ihn in die Badewanne setzen und mit lauwarmem Wasser abbrausen. Danach schäumen Sie ihn vom Kopf abwärts mit einem guten Hundeshampoo ein. Spülen Sie das Shampoo aus und wiederholen Sie die Prozedur.
Nach dem Bad wird der Hund zwar riechen, wie nasse Hunde eben riechen, doch der üble Körpergeruch dürfte verschwunden sein.
Nicht übertreiben. Gelegentliches Baden ist in Ordnung, doch wenn Sie es übertreiben, regen Sie damit die Talgdrüsen in der Haut dazu an, noch mehr zu produzieren. Je öfter Sie Ihren Hund baden, desto fettiger wird sein Fell.
Grundsätzlich ist ein Vollbad im Monat mehr als genug. Um Schlamm und andere wasserlösliche Substanzen aus dem Fell zu bekommen, sollten Sie kein Shampoo verwenden – klares Wasser reicht vollkommen.
Häufig bürsten. Regelmäßiges Bürsten entfernt einen Teil des übelriechenden Fettschmutzes, der zwischen den Haaren sitzt.

Wann muß der Hund zum Tierarzt?

Wenn Sie alle Register gezogen haben und Ihr Hund immer noch stinkt wie ein alter Schuh, ist er wahrscheinlich krank.
Starker Körpergeruch kann auf eine Infektion der Ohren, des Zahnfleischs oder der Zähne hindeuten, aber auch auf ein Nierenleiden oder Hautprobleme. Warten Sie also nicht zu lange, wenn Ihr Hund ungewöhnlich streng riecht. Bringen Sie ihn zur Untersuchung zum Tierarzt.

Langhaarige Hunde sollten täglich gebürstet werden. Bei kurzhaarigen Rassen reicht es, wenn Sie das Fell einmal wöchentlich bürsten.

Die Ohren sauberhalten. Ohrinfektionen sind oft die Ursache dafür, daß der Hund stinkt.

Infektionen der Ohren müssen vom Tierarzt behandelt werden. Sie können jedoch dazu beitragen, daß sie gar nicht erst auftreten. Ist Ihr Hund bekanntermaßen empfindlich, sollten Sie seine Ohren einmal in der Woche saubermachen. Dazu mischen Sie einen Teil Essig mit zwei Teilen Wasser und spülen die Ohren damit aus. Massieren Sie den Gehörgang von außen, damit die Mischung überall hinkommt, und wischen Sie die Reste dann mit einem Wattebausch aus.

Ins Maul schauen. Manchmal verkeilt sich ein Stück Knochen, Holz oder ähnliches zwischen den Zähnen, wo es natürlich irgendwann zu stinken beginnt. Sehen Sie sich das Maul Ihres Hundes aufmerksam an. Wenn Sie einen Fremdkörper entdecken und ihn nicht entfernen können, bringen Sie den Hund zum Tierarzt.

Zahnpflege. Hunde putzen sich nicht die Zähne, und wenn sie sich lecken, tragen sie den Mundgeruch auf ihr Fell auf – das stinkt natürlich.

Kaufen Sie eine Hundezahnbürste und putzen Sie Ihrem Hund mindestens zweimal wöchentlich die Zähne. Sie können dazu auch ein Stück Gaze oder einen Waschlappen benutzen, den Sie über Ihren Zeigefinger legen.

Verwenden Sie aber nicht Ihre eigene Zahnpasta für Ihren Hund. Hunde können nichts ausspucken und müssen den Schaum schlucken, was zu Verdauungsbeschwerden führt. Benutzen Sie eine spezielle Hundezahncreme, die Ihrem Liebling nicht schadet.

Sprühen statt putzen. Ihr Hund läßt sich das Zähneputzen nicht gefallen? Versuchen Sie, seine Zähne mit einem Zahnreinigungsspray zu behandeln. Es reinigt nicht nur, sondern sorgt auch für einen frischeren Atem. (Weitere Informationen zum Thema Zahnpflege finden Sie auf den Seiten 208ff. und 211f.)

Kotfressen

Elf Wege, es zu unterbinden

Ihnen war schon immer klar, daß Ihr Hund ein Vielfraß ist, doch daß er sich neuerdings sein Frühstück aus der Katzentoilette holt, hat Sie doch ein wenig schockiert.
Niemand weiß genau, warum, doch manche Hunde entwickeln eine Angewohnheit, die Tierärzte vornehm Koprophagie nennen, was übersetzt „Kotfressen" heißt, und wenn die Hunde erst einmal damit angefangen haben, ist es schwer, ihnen diese Unart wieder abzugewöhnen. Experten vermuten, daß Hunde Kot – entweder den eigenen oder den anderer Tiere – fressen, weil sie sich langweilen oder weil sie nach Nährstoffen suchen, die in ihrer Ernährung fehlen. Es ist natürlich auch möglich, daß ihnen der Geschmack einfach gefällt.
Die meisten Hunde tun es gelegentlich, und in der Regel schadet es ihnen nicht – für den Hundebesitzer allerdings ist diese Angewohnheit keine reine Freude. Die folgenden Tips können dazu beitragen, Ihren Hund wieder auf den Pfad der Tugend zu führen.

Das Futter aufwerten. Manche Tierärzte vermuten, daß Hunde Kot fressen, weil ihnen bestimmte Vitamine oder Mineralien fehlen. Geben Sie Ihrem Hund ein Multivitaminpräparat – dann können Sie zumindest sicher sein, daß er ausgewogen ernährt wird.
Das Katzenklo verstecken. Hunde bedienen sich gern aus Katzentoiletten. Um das zu verhindern, sollten Sie das Katzenklo so aufstellen, daß die Katze es bequem erreichen kann, der Hund aber nicht.
Für einen eigenen Eingang sorgen. Eine andere Möglichkeit, den Hund vom Katzenklo fernzuhalten, ist der Einbau einer Katzenklappe, durch die die Katze ihre Toilette erreichen kann, der Hund aber nicht.
Einen Riegel vorschieben. Sie können die Tür zum Katzenzimmer auch mit Haken und Öse so verschließen, daß sie sich nur noch einen Spalt breit öffnet. Dann kann die Katze hindurchschlüpfen, und der Hund muß draußen bleiben.
Ein Häuschen mit Deckel. Wenn Sie das Katzenklo nicht umstellen wollen, können Sie es gegen eines mit Deckel auswechseln. Der Eingang in Katzengröße verwehrt dem Hund den Zutritt.
Für die nötige Würze sorgen. Hunde mögen keine scharfen Sachen. Um Ihren Hund davon abzuhalten, im Garten herumliegenden Katzen- oder Hundekot zu fressen, bestreuen Sie die Häufchen mit Cayennepfeffer.

Wann muß der Hund zum Tierarzt?

Normalerweise schadet es dem Hund nicht, wenn er Kot frißt, doch es besteht die Gefahr, daß er versehentlich größere Mengen Katzenstreu mitschluckt, die dann die Därme verstopfen.
Ein weiteres Risiko ist die Verwurmung. Wenn der Hund Kot von verwurmten Tieren aufnimmt, wird er sich infizieren. Anzeichen hierfür sind Gewichtsverlust und Teilnahmslosigkeit.

Aufräumen. Ihr Hund läßt sich von seiner Gewohnheit nicht abbringen? Dann müssen Sie schneller sein als er. Räumen Sie seine Hinterlassenschaft (und die Ihrer anderen Tiere) weg, bevor er sie findet.
An die Leine nehmen. Führen Sie Ihren Hund an der Leine – auch im eigenen Garten. Sobald er anfängt, sich für einen Kothaufen zu interessieren, rucken Sie scharf an der Leine und sagen streng „Nein!" Zukünftig wird er das Kotfressen mit Furcht in Verbindung bringen und es aufgrund der unangenehmen Erfahrungen lieber bleiben lassen.
Für Unterhaltung sorgen. Viele Hunde kommen nur auf dumme Ideen, weil sie sich langweilen.
Nehmen Sie sich zweimal am Tag mindestens 30 bis 45 Minuten Zeit für Ihren Hund. Viele Leute spielen täglich nur ein paar Minuten mit ihren Hunden, doch das reicht nicht aus.
Besorgen Sie mehr Spielzeug. Wenn Ihr Hund viele verschiedene Spielsachen hat, ist er längere Zeit beschäftigt. Geben Sie ihm zum Beispiel am Montag einen Tennisball, am Dienstag einen Kauknochen und am Mittwoch ein dickes, geknotetes Tau.
Den Zwinger sauberhalten. Wenn Sie Ihren jungen Hund hinter einem Absperrgitter halten, bis er stubenrein ist, oder wenn Ihr Hund im Zwinger lebt, sollten Sie regelmäßig hinter ihm saubermachen. Andernfalls müßte Ihr Hund es selbst tun – auf die einzige Art, die er kennt.

Krallenprobleme

Neun Tips zur Krallenpflege

Klick, klick, klick – ist das das Geräusch, das Ihr Hund macht, wenn er über den Küchenfußboden läuft? Viele Hundebesitzer merken gar nicht, wie lang die Krallen ihres Hundes geworden sind.
Hunde, die auf dem Land leben und den ganzen Tag draußen sind, nutzen ihre Krallen auf natürlichem Wege ab, doch bei Haushunden ist diese Abnutzung nicht gegeben, so daß sie bei ihnen leichter einreißen, ausreißen oder sogar einwachsen wie Fußnägel. Außerdem können sich Infektionen einstellen, und auch Fehler bei der Krallenpflege sind sehr schmerzhaft für den Hund. Tierärzte empfehlen folgende Maßnahmen, um die Krallen in Topform zu halten:

Häufig schneiden. Die Krallen des Hundes sollten alle sechs bis acht Wochen gekürzt werden; bei Hunden, die wenig auf hartem Boden laufen, kann dies sogar alle zwei bis vier Wochen nötig sein.
Überfallen Sie ihn aber nicht damit. Gewöhnen Sie ihn zunächst daran, daß Sie seine Pfoten anfassen. Erst wenn ihn das nicht mehr beunruhigt, können Sie anfangen, mit der Krallenzange zu arbeiten.

Wann muß der Hund zum Tierarzt?

Die meisten Krallenprobleme sind harmlos und können zuhause behandelt werden, doch manchmal reicht das Problem tiefer – bis in die Pfote oder sogar den Knochen. Wie Menschen leiden auch Hunde gelegentlich unter eingewachsenen Zehennägeln – nur daß sich beim Hund die scharfe Krallenspitze ins Fleisch bohrt. Es kommt auch vor, daß eine Kralle irgendwo hängenbleibt und losgerissen wird. In beiden Fällen muß die Kralle operativ entfernt werden.
Wenn die Blutung an einer verletzten Kralle nicht innerhalb von zehn Minuten aufhört, bandagieren Sie die Pfote und rufen Sie den Tierarzt an. Krallenverletzungen bluten meistens stark. Nicht alle Krallenprobleme werden durch Unfälle hervorgerufen. Bakterielle Infektionen und auch innere Erkrankungen können dazu führen, daß einzelne Krallen verkrümmt wachsen. Wenn die Kralle normal aussieht, die dazugehörige Nagelhaut aber geschwollen ist, handelt es sich um eine Infektion, die vom Tierarzt behandelt werden muß.

Vorsichtig arbeiten. Um sicherzugehen, daß Sie nicht ins „Leben“, also den durchbluteten und schmerzempfindlichen Teil der Kralle schneiden, sollten Sie immer im Hinterkopf behalten, daß Sie die Krallen nicht kürzen, sondern nur die Spitzen abstumpfen wollen.
Bei Hunden mit dunklen Krallen ist schwer zu sehen, wo der empfindliche Bereich anfängt. Wenn Sie auf Nummer Sicher gehen wollen, kneifen Sie nur die gebogene Spitze ab.
Die Alternative: Feilen. Wenn Ihr Hund sich das Krallenschneiden nicht gefallenläßt oder Sie es sich nicht zutrauen, können Sie die Krallen auch mit einer Schlüsselfeile kürzen, die in jedem Baumarkt erhältlich ist.
Nicht alles auf einmal. Wenn Ihr Hund die Prozedur nur ungern über sich ergehen läßt, schneiden Sie nur eine Kralle am Tag.
Der Griff zum Rasierzeug. Wenn Sie versehentlich zu viel von einer Kralle entfernt haben, können Sie die Blutung mit einem Alaunstift betupfen, wie er auch bei kleinen Verletzungen durch das Rasiermesser verwendet wird. Das Alaun brennt einen Moment lang in der Wunde; halten Sie Ihren Hund beim Auftragen also gut fest.
Eine andere Methode. Die Blutung aus einer Kralle kommt auch zum Stillstand, wenn Sie sie in Mehl tauchen und das Mehl in die Wunde drücken.
Schutz für verletzte Krallen. Wenn sich Ihr Hund eine Kralle ausgerissen oder verletzt hat, müssen Sie die Wunde reinigen, damit sie sich nicht entzündet. Um die Verletzung sauber zu halten, legen Sie einen Gazetupfer um die Pfote und streifen eine Kindersocke darüber. Der Verband muß täglich gewechselt werden.
Afterkrallen nicht vergessen. Die After- oder Wolfskrallen an der Innenseite der Vorder- oder Hinterbeine sind keinerlei Abnutzung ausgesetzt. Wenn der Hund mit ihnen irgendwo hängenbleibt und sie sich ausreißt, wird die Wunde extrem bluten.

Kneifen Sie die Kralle etwas schräg ab und achten Sie darauf, nicht ins „Leben“ zu schneiden.

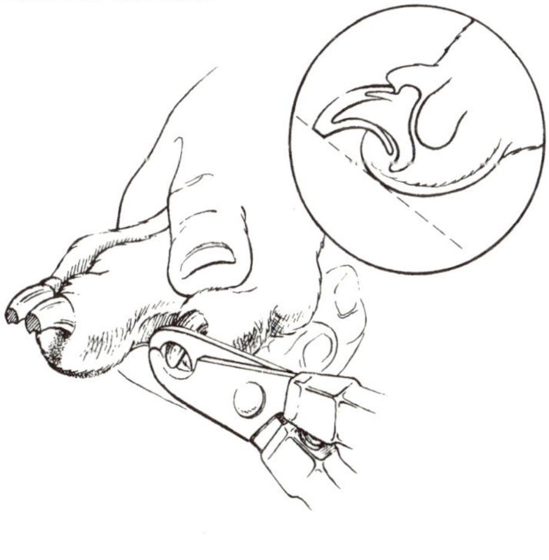

Lahmheit

Sechs Wege, einem Hund wieder auf die Beine zu helfen

Sie wissen nicht, ob sich Ihr Hund etwas in die Pfote getreten oder sich auf andere Art verletzt hat, aber auf jeden Fall humpelt er durchs Haus wie John Wayne in seinem Film „Der Marshal".

Lahmheiten werden oft durch harmlose Zerrungen oder wunde Pfoten verursacht, die nach wenigen Ruhetagen von selbst heilen. Tierärzte empfehlen folgende Maßnahmen, um die Heilung zu beschleunigen und dem Hund seine Zwangspause möglichst angenehm zu machen.

Unten anfangen. Sehen Sie als erstes nach, ob Ihr Hund eine verletzte Pfote hat. Achten Sie auf Schnittwunden, ausgerissene Krallen und eingetretene Dornen, Glasscherben oder ähnliches.

Vorsicht bei Fremdkörpern. Wenn der Hund sich einen Dorn, einen Nagel oder einen Glassplitter eingetreten hat, können Sie ihn vorsichtig herausziehen. Rechnen Sie aber damit, daß die Wunde stark blutet, vor allem, wenn der Fremdkörper sehr tief eingedrungen ist.

Ein Bein schienen. Befürchten Sie, daß sich Ihr Hund ein Bein gebrochen hat? Dann müssen Sie es schienen, bevor Sie zum Tierarzt fahren. Rollen Sie Zeitungspapier zu einer Röhre, die auf Beinlänge abgeschnitten wird. Streifen Sie die Röhre über das verletzte Bein und sichern Sie sie mit Klebeband.

Sie können das Bein aber auch dick mit Verbandwatte einwickeln und dann mit einer elastischen Binde oder einer selbsthaftenden Bandage umwickeln. Die Bandage ist nötig, weil Klebeband auf der Watte nicht halten würde. Eine provisorische Schiene kann weitere Verletzungen verhindern, doch wenn Sie nicht genau wissen, wie Sie sie anlegen sollen oder wenn Sie kein geeignetes Material zur Hand haben, verlieren Sie keine Zeit. Das Wichtigste ist, den Hund möglichst schnell zum Tierarzt zu bringen. Nehmen Sie ihn vorsichtig hoch und bringen Sie ihn unter größtmöglicher Schonung des verletzten Beins zum Tierarzt.

Bettruhe. Wenn Sie nicht wissen, was Ihrem Hund fehlt, behalten Sie ihn im Haus und sorgen Sie dafür, daß er sich möglichst wenig bewegt. Manchmal reichen schon ein oder zwei Ruhetage, um die Lahmheit verschwinden zu lassen.

Für Kühlung sorgen. Wenn Sie vermuten, daß die Lahmheit von einer frischen Muskelzerrung herrührt, können Sie ein Kühlkissen auflegen,

Wann muß der Hund zum Tierarzt?

Manchmal wagen Hunde Sprünge, die eigentlich nicht gutgehen können – und die vielfach mit Zerrungen oder anderen Verletzungen enden. Wenn schwere Verletzungen wie Knochenbrüche oder Schußwunden zu erkennen sind, müssen Sie Ihren Hund natürlich sofort zum Tierarzt bringen, doch auch bei Lahmheiten, deren Ursache nicht auf den ersten Blick zu sehen ist, sollten Sie kein Risiko eingehen.

um die Schwellung und die Schmerzen zu lindern. Wenn Sie kein spezielles Kühlkissen im Gefrierschrank haben, können Sie auch Eiswürfel oder eine Tüte gefrorenes Gemüse nehmen, die Sie vor der Anwendung in ein dünnes Handtuch hüllen. Kühlen Sie die Verletzung viermal am Tag jeweils fünf bis zehn Minuten lang.

Wenn der Hund am nächsten Tag immer noch lahmt und die Verletzung druckempfindlich ist, sollten Sie mit ihm zum Tierarzt gehen.

Wärme anwenden. Wärme kann bei älteren Verletzungen Wunder wirken. Legen Sie Ihren Hund aber nicht auf ein Heizkissen, denn dadurch könnte sein Körper überhitzen. Erwärmen Sie stattdessen ein Kühlkissen in der Mikrowelle, bis es angenehm warm ist. Dann hüllen Sie es in ein Handtuch und legen es auf das verletzte Bein. Achten Sie aber darauf, daß es nicht zu heiß ist.

Sie können auch warmes Wasser in einen Gummihandschuh füllen. Er hat den Vorteil, daß er sich der Verletzung besser anpaßt. Achten Sie auch hier darauf, daß das Wasser nicht zu heiß ist, und legen Sie ein Tuch zwischen den Handschuh und das verletzte Bein.

Wenn Sie ein gebrochenes Bein schienen müssen, rollen Sie Zeitungspapier zu einer Röhre und schieben Sie sie über das verletzte Bein. Klebeband sorgt für den richtigen Halt.

Langeweile

Acht anregende Vorschläge

Aus menschlicher Sicht betrachtet tun Hunde nicht besonders viel. Sie schlafen, fressen, spielen ein bißchen und schlafen wieder. Wenn sie sich dann noch geliebt und beachtet fühlen, scheinen sie durchaus damit zufrieden zu sein, den Tag so zu verbummeln.
Viele Hunde legen allerdings Wert auf etwas mehr Abwechslung, und das zeigen sie auf die einzige Art, die sie kennen. Ein gelangweilter Hund wird etwas zerstören, denn dadurch wird er seine Frustration los. Die beste Art, einen solchen Zerstörungstrip aufzuhalten, ist, sich mehr mit dem Hund zu beschäftigen. Hier sind ein paar Tips, wie Sie das Leben Ihres Hundes abwechslungsreicher gestalten können.

Mehr Bewegung. Ausgiebige Spaziergänge befreien den Hund von seiner überschüssigen Energie und sorgen dafür, daß er zumindest eine Weile ruhig schlafen wird.
Übertreiben Sie es jedoch nicht. Bei einem normal trainierten Hund reichen mehrere Spaziergänge pro Woche, die jeweils etwa 20 Minuten dauern sollten. Schließlich wollen Sie Ihren Hund nicht zu Tode erschöpfen, sondern nur dafür sorgen, daß er ausgelastet ist.
Familienzuwachs. Nicht alle Hunde nehmen Artgenossen freundlich auf, doch ein Versuch lohnt sich auf jeden Fall. Sie können nicht erwarten, daß Ihr Hund, der täglich mindestens neun Stunden allein ist, sich nicht langweilt. Die Anschaffung eines zweiten Hundes, einer Katze oder sonst eines Tieres, mit dem der Hund sich verträgt, wirkt der Langweile entgegen und hält die Zerstörungswut in Grenzen.
Fernsehen. Es gibt tatsächlich Hunde, die gern fernsehen. Schalten Sie beim Verlassen des Hauses einen Sender ein, der ihrem Hund gefallen könnte, und warten Sie ab, ob es hilft.
Video. In vielen Zoogeschäften bekommt man actionreiche Videos für Hunde. Erfahrungsberichten zufolge sollen sie von den Katzen, Vögeln und anderen Tieren auf dem Bildschirm vollkommen begeistert sein.
Musik. Lassen Sie Musik spielen, während Sie unterwegs sind. Probieren Sie vorher aus, was Ihrem Hund gefällt. Musikalische Hunde profitieren davon besonders: Wenn Ihr Hund eine halbe Stunde zu den Klängen einer Oper geheult hat, wird er danach vermutlich ziemlich ruhig sein.
Anrufe. Manche Leute rufen zuhause an und hinterlassen eine Nachricht auf dem Anrufbeantworter, damit der Hund zumindest ihre Stim-

Der Fernseher ist eine Möglichkeit, Tiere, die den ganzen Tag allein zuhause sind, zu unterhalten. Es gibt spezielle Videos für Haustiere, doch Sie können auch einen selbstgedrehten Film vorführen.

me hören kann. Wenn Sie allerdings davon ausgehen, daß Ihr Hund gerade schläft, wecken Sie ihn lieber nicht.

Arbeitsbeschaffungsmaßnahmen. Ursprünglich sind alle Hunderassen zu einem bestimmten Zweck gezüchtet worden – zum Schafehüten, Apportieren oder zur Rattenbekämpfung –, und sie können sich nur schwer damit abfinden, nicht mehr „gebraucht" zu werden. Wenn Sie Ihren Hund glücklich machen wollen, ermutigen Sie ihn, das zu tun, was er am besten kann.

Einem Terrier zum Beispiel können Sie eine Ecke Ihres Gartens verehren, in der das Graben erlaubt ist. Oder schenken Sie ihm einen Haufen alter Kleider, in die er sich hineinwühlen kann. Einem Labrador machen Sie die größte Freude, wenn Sie ihn ans Wasser mitnehmen, und jeder Hund freut sich über Ausflüge in unbekannte Gegenden, in denen er nach Herzenslust herumschnuppern darf.

Ein Kau-Fest veranstalten. Alle Hunde kauen gern auf etwas herum. Spendieren Sie Ihrem Hund doch gelegentlich ein hohles Kauspielzeug, das Sie mit seinem Lieblingsfutter füllen. Sie werden sich wundern, wie lange Ihr Hund sich damit beschäftigen wird.

Läufigkeit

Zehn Wege, eine liebeskranke Hündin zu beruhigen

Wenn Ihre Hündin läufig ist, wird sie alles daransetzen, aus der Wohnung zu entwischen. Hündinnen werden etwa alle sechs Monate läufig, und diese Zeit der Paarungsbereitschaft dauert sechs bis zehn Tage. Läufige Hündinnen sind gewöhnlich unruhig und nervös, und Sie müssen damit rechnen, daß sich alle Rüden der Nachbarschaft vor Ihrem Gartentor versammeln.
Die einzige Möglichkeit, dieses Problem dauerhaft zu beenden, ist die Kastration. Damit verhüten Sie nicht nur unerwünschten Nachwuchs, sondern ersparen Ihrer Hündin auch den Streß, dem sie bei jeder Brunst ausgesetzt ist. Wenn Sie allerdings eine Zuchthündin besitzen, können Sie versuchen, sie während der nicht zum Decken genutzten Zyklen auf folgende Weise zu beruhigen:

Zuwendung hilft. Die Liebesbedürftigkeit Ihrer Hündin ist nicht zu übersehen. Streicheln Sie sie viel und verwöhnen Sie sie mit Leckerbissen, um sie ein wenig abzulenken.
Für Abwechslung sorgen. Auch wenn Ihre Hündin scheinbar nur eines im Sinn hat, sollten Sie versuchen, mit ihr zu spielen, damit sie auf andere Gedanken kommt.
Musik beruhigt. Manche Hündinnen lassen sich mit klassischer Musik beruhigen – besonders gern scheinen sie Mozart zu hören.
Spielen Sie Ihrer Hündin aber keine Musik vor, deren Rhythmus und Tonlage sie an einen Rüden erinnert. Bestimmte Tonarten steigern die sexuelle Erregung noch – und das ist vermutlich das Letzte, was Sie sich erhofften.
Fenster und Türen geschlossen halten. In der Brunst tun Hündinnen alles, um zu einem Rüden zu gelangen. Sie wagen scheinbar unmögliche Sprünge oder flitzen blitzschnell mit Ihnen durch die Tür, wenn Sie nur schnell hinausgehen, um die Zeitung zu holen.
Rüden-Abwehrspray. Im Zoofachhandel gibt es ein Spray, das den anziehenden Geruch der Hündin überdeckt und den Rüden zudem unangenehm ist.
Chlorophyll hilft. Chlorophylltabletten aus dem Reformhaus tragen dazu bei, die Rüden-Lockstoffe, die eine läufige Hündin ausströmt, zu überdecken.

Sicherungsverwahrung. Läufige Hündinnen haben einen blutigen Ausfluß, der Flecken auf Möbeln und Teppichen hinterläßt. Um dies zu vermeiden, wird Ihnen nichts anderes übrigbleiben, als sie im Badezimmer einzusperren, bis die Läufigkeit vorbei ist.
Für Sauberkeit sorgen. Den Ausfluß regelmäßig abzuwaschen, kann dazu beitragen, die Rüden fernzuhalten. Vor allem in der Mitte der Läufigkeit sollten Sie Hinterteil und Beine Ihrer Hündin ein- bis zweimal täglich abspülen.
Fleckenschutz. Um zu verhindern, daß die Hündin im ganzen Haus Blutflecke hinterläßt, können Sie ihr einen Hundeslip anziehen. Diese Slips gibt es im Zoofachhandel, und zwar in allen Größen – für Chihuahuas ebenso wie für Bernhardinerdamen. Es empfiehlt sich, die Slips mit einer Slipeinlage zu verwenden.
Appetithäppchen. Es ist nicht ungewöhnlich, wenn eine läufige Hündin keinen Appetit hat – schließlich hat sie andere Dinge im Kopf. Wenn Sie verhindern wollen, daß Ihre Hündin vom Fleisch fällt, bieten Sie ihr besondere Leckerbissen wie etwa Babynahrung oder gekochte Leber an.

Läuse

Sieben Methoden, die Parasiten zu vernichten

Bei gesunden, gepflegten Hunden kommen Läuse nur selten vor. Wenn Sie aber einen heruntergekommenen Streuner adoptieren, kann es durchaus sein, daß in seinem struppigen Fell Läuse hausen.
Scheiteln Sie das Fell. Die kleinen weißen Läuseeier kleben an den Haaren. Diese Nissen sind ein eindeutiger Beweis für einen Befall mit Läusen, sechsbeinigen Insekten, die Blut saugen und einen unerträglichen Juckreiz verursachen.
Die folgenden Tips sollen dabei helfen, den Hund von diesen Plagegeistern zu befreien.

Ein Vollbad. In Zoohandlungen gibt es viele Shampoos, die Pyrethrin enthalten, ein Insektengift, das Flöhe und Läuse tötet. Waschen Sie Ihren Hund drei Wochen lang einmal wöchentlich mit diesem Shampoo. Um die Wirkung zu steigern, sollten Sie das Shampoo ein paar Minuten einwirken lassen, bevor Sie es ausspülen.
Die Augen schützen. Selbst das beste Hundeshampoo kann in den Augen brennen; achten Sie also darauf, daß kein Schaum in die Augen kommt.
Manchmal wird empfohlen, die Augenlider mit Vaseline zu betreichen, damit kein Shampoo in die Augen gerät, doch das ist unnötig

Wann muß der Hund zum Tierarzt?

Eine Laus richtet keinen Schaden an, aber Massen von Läusen können einen Hund buchstäblich aussaugen.
Wenn zu den Läusen auch noch Flöhe und Zecken kommen, kann das Tier in nur wenigen Wochen ein Viertel seines Blutvolumens verlieren, was zu schwerer Anämie führt oder sogar einen Schock auslöst.
Ein Anzeichen für eine Anämie ist allgemeine Schwäche. Außerdem ist die Maulschleimhaut nicht mehr rosa, sondern weiß. In diesem Fall muß der Hund sofort zum Tierarzt. Normalerweise verschwindet die Anämie, sobald das Parasitenproblem gelöst ist, doch manche Hunde brauchen eine Bluttransfusion, um sich wieder zu erholen.

und vielleicht sogar schädlich. Gehen Sie lieber besonders vorsichtig vor und spülen Sie die Augen sofort aus, wenn tatsächlich etwas Shampoo hineingeraten ist.

Alle Hunde behandeln. Da Läuse von einem Tier zum nächsten wandern können, müssen Sie all Ihre Hunde behandeln, auch wenn diese bisher keine Läuse haben.

Ihrer Katze können Sie die Behandlung ersparen, denn die Läuse sind wirtsspezifisch, das bedeutet, daß Ihre Katze die Hundeläuse nicht bekommt. Auf Menschen gehen sie übrigens auch nicht über, das heißt, wenn Ihr Kopf juckt, können Sie sich entspannen – es ist nur Ihre Phantasie!

Einsprühen. Zusätzlich zu den Vollbädern sollten Sie Ihren Hund zweimal wöchentlich mit einem Läuse- oder Flohspray behandeln. Damit töten Sie alle Läuse ab, die zwischen den Bädern ausgeschlüpft sind.

Einpudern. Puder gegen Läuse wirken nicht ganz so gut wie Sprays, helfen aber auch, die kleinen Biester zu vernichten. Pudern Sie Ihren Hund gründlich ein und vergessen Sie den Schwanz nicht. Am Kopf tragen Sie den Puder mit den Fingerspitzen auf, damit nichts in Augen oder Nase gerät.

Auswanderer vernichten. Auch wenn Ihr Hund läusefrei ist, kann er neue aufsammeln, die auf dem Boden, im Teppich oder in seinem Korb lauern. Um dies zu verhindern, waschen Sie die Decken und Kissen, auf denen Ihr Hund schläft. Auch die Bürsten sollten Sie entweder mit Wasser und Seife waschen oder mit einem Insektizid besprühen.

Schnellere Heilung durch Vitamine. Um die Heilung der zerbissenen Haut zu beschleunigen, können Sie Ihrem Hund ein Ergänzungspräparat geben, das Fettsäuren enthält, eventuell kombiniert mit Vitamin E und Beta-Karotin. Diese Zusammensetzung läßt gesündere Haut nachwachsen.

Solche Kombinationspräparate erhalten Sie im Zoofachhandel und beim Tierarzt.

Linsentrübung

Vier Wege, das Leiden zu lindern

Ist Ihnen aufgefallen, daß die Augen Ihres Hundes in letzter Zeit irgendwie trüb aussehen? Machen Sie sich Sorgen, wie Ihr Hund weiterleben soll, wenn er blind wird?
Beruhigen Sie sich. Linsentrübungen (Katarakte) sind bei Hunden nicht besorgniserregend. Selbst wenn der Hund durch sie erblindet, ist dies meistens kein großes Problem, da das Sehvermögen des Hundes in Vergleich zu den anderen Sinnen ohnehin zweitrangig ist.
Zu Linsentrübungen kommt es meistens, solange der Hund noch jung ist, oft im Alter von ein bis drei Jahren. Doch da Hunde über eine ausgezeichnete Nase verfügen, merkt man meistens nicht einmal, daß sich ihr Sehvermögen verschlechtert.
Wenn Ihr Hund Schwierigkeiten hat, sich zu orientieren oder Sie einer Linsentrübung vorbeugen wollen, befolgen Sie die hier aufgeführten Ratschläge.

Veränderungen vermeiden. Zuhause bewegt sich Ihr Hund sicher und zielstrebig – bis Sie das Sofa dorthin stellen, wo bisher der Fernse-

Wann muß der Hund zum Tierarzt?

Ihr Tierarzt hat zwar gesagt, daß das eingeschränkte Sehvermögen Ihrem Hund nichts ausmacht, doch von blutunterlaufenen, schmerzhaft zugekniffenen Augen hat er nichts erwähnt. Was ist nur los mit seinen Augen?
Bei Hunden mit Katarakten kann es passieren, daß ein Teil der Linse ausläuft und eine schmerzhafte Entzündung der Regenbogenhaut und anderer Teile des Auges verursacht.
Wenn Ihr Hund ohnhehin schon Katarakte hat, müssen Sie ihn sofort zum Tierarzt bringen, wenn er auffällig die Augen zukneift oder andere Symptome auftreten. Unbehandelt kann ein Glaukom entstehen, ein Ansteigen des Augeninnendrucks, das wesentlich gefährlicher ist als die Katarakte.
Wenn die Entzündung schon im Anfangsstadium mit den richtigen Augensalben behandelt wird, heilt sie meistens problemlos ab. Manchmal verkleinern sich dabei sogar die Trübungen auf der Linse.

Können Hunde ihre Augenfarbe wechseln?

Sie sind sich nicht ganz sicher, aber die braunen Augen Ihres Retrievers sehen auf einmal aus wie die von Paul Newman?
Seine Augenfarbe hat sich nicht wirklich verändert, doch mit dem Alter verdichten sich die Fasern der Linsen und reflektieren das Licht anders, so daß braune Augen bei bestimmten Lichtverhältnissen blau schimmern. Das ist ein ganz normaler Alterungsprozeß.
Bringen Sie Ihren Hund trotzdem vorsichtshalber zum Tierarzt. Wenn er eine Alterserscheinung diagnostiziert, brauchen Sie sich keine Sorgen zu machen, denn sie beeinträchtigt das Sehvermögen nicht und muß auch nicht behandelt werden.

her war. Ein sehbehinderter oder blinder Hund ist damit überfordert und wird ständig gegen die Möbel laufen.

Übernehmen Sie die Führungsrolle. Wenn Sie die Möbel umgestellt haben oder Ihr Hund erst seit kurzem nicht mehr gut sieht, führen Sie ihn langsam durchs Haus, damit er sich alles einprägen kann.

Nicht streunen lassen. Ein Hund, der nicht mehr richtig sehen kann, darf nicht unbeaufsichtigt draußen herumlaufen. Halten Sie ihn im eingezäunten Garten oder nehmen Sie ihn an die Leine, wenn Sie das Haus verlassen.

Regelmäßig zum Tierarzt. Die Neigung zu Katarakten ist meistens angeboren, doch die zweithäufigste Ursache für eine Linsentrübung ist Diabetes. (Golden Retriever, Labrador und Pudel sind hierfür besonders anfällig.) Wenn die Krankheit früh genug erkannt wird, läßt sich die Trübung der Linsen noch aufschieben oder verhindern.

Ein Hund mit Diabetes muß natürlich vom Tierarzt behandelt werden, doch es ist erwiesen, daß ein faserreiches Futter dazu beiträgt, den Blutzuckerspiegel konstant zu halten und damit vielleicht auch die Gefahr einer Linsentrübung verringert.

Am besten kaufen Sie ein Hundefutter speziell für übergewichtige Hunde. (Wenn Ihr Hund allerdings eher dünn ist, sollten Sie vorher mit Ihrem Tierarzt sprechen.)

Doch ob Ihr Hund nun dünn oder dick ist, Möhren- und Apfelschnitze wird er vermutlich trotzdem gern fressen. Die meisten Hunde nehmen sie gern, und sie sind eine gute Möglichkeit, ihn mit Rohfaser zu versorgen.

Magengeschwüre

Fünf Wege, die Beschwerden zu lindern

Ihr Hund sitzt zwar nicht im Vorstand eines Industriekonzerns und lauscht auch nicht gebannt den Börsenberichten, doch vor Geschwüren im Magen und im Dünndarm ist er ebenso wenig sicher wie jeder Manager.
Die meisten Geschwüre bei Hunden entstehen als Folge einer längerfristigen Anwendung von Schmerzmitteln, als Begleiterscheinung von Leber- oder Nierenerkrankungen oder als Reaktion auf einen verschluckten Gegenstand wie etwa einen Pfennig.
Magengeschwüre müssen zwar vom Tierarzt behandelt werden, doch Sie können einiges dazu tun, daß sie gar nicht erst entstehen.

Auf den Instinkt ist kein Verlaß. Hunde kauen auf allem, was ihr Interesse erregt, und oft schlucken sie es auch. Achten Sie darauf, Batterien, Münzen und andere potentiell gefährliche Dinge nicht in Reichweite Ihres Hundes liegenzulassen. Wenn Ihr Hund doch etwas schluckt, von dem Sie annehmen, daß es ihm schaden könnte, zögern Sie nicht, Ihren Tierarzt anzurufen.
Für ausreichend Spielzeug sorgen. Viele Magengeschwüre entstehen, weil Hunde grobe Materialien wie Holz oder Knochen schlucken. Geben Sie Ihrem Hund sicheres Kauspielzeug aus Gummi, damit er nicht gezwungen ist, auf gefährlichere Dinge auszuweichen.
Vorsicht bei Schmerzmitteln. Geben Sie Ihrem Hund nicht auf eigene Faust irgendein Schmerzmittel. Wenn Ihr Hund Schmerzen hat, müssen Sie ihn zum Tierarzt bringen, der ein geeignetes Medikament verschreiben wird.
Am besten zum Essen. Wenn der Tierarzt Ihrem Hund Aspirin verordnet hat, geben Sie ihm seine tägliche Dosis zusammen mit dem Futter, damit das Mittel die Magenwände nicht zu sehr angreift.
Für ein streßfreies Leben sorgen. Seelischer Streß scheint bei Hunden kein ursächlicher Faktor für ein Magengeschwür zu sein, doch er könnte eine untergeordnete Rolle spielen. Achten Sie also darauf, Ihren Hund glücklich und gesund zu erhalten, zum Beispiel, indem Sie häufig mit ihm spielen.
Auch ein zweiter Hund kann das seelische Wohlbefinden steigern. Gehen Sie regelmäßig mit Ihren Hunden spazieren, denn durchtrainierte und zufriedene Hunde bekommen selten Magengeschwüre.

Wann muß der Hund zum Tierarzt?

Manchmal heilen Magengeschwüre von selbst ab, doch sie können auch zu gefährlichen inneren Blutungen führen. Achten Sie auf Blut im Kot oder Erbrochenes, das aussieht wie Kaffeesatz. Auch Blut im Erbrochenen ist ein Warnsignal.

Wenn eines dieser Symptome auftritt, muß Ihr Hund sofort zum Tierarzt. Er wird Medikamente verschreiben, die den Säurespiegel im Magen senken.

Gehen Sie kein Risiko ein, wenn Sie beobachten, wie Ihr Hund eine Batterie, eine Münze oder etwas anderes potentiell Gefährliches verschluckt. Bringen Sie Ihren Hund sofort zum Tierarzt.

Mundgeruch

Zwölf Methoden, den Gestank zu bekämpfen

Vergeht Ihnen der Appetit, wenn Ihr Hund neben Ihnen hechelt? Stinkt er so aus dem Maul, daß er damit einen Elefanten vertreiben könnte? Wenn der Atem Ihres Hundes Sie trifft wie ein Keulenschlag, können Sie davon ausgehen, daß Plaque die Ursache ist, dieselbe bakterienverseuchte Ablagerung, die sich bei Ihnen bildet, wenn Sie sich länger nicht die Zähne putzen, und die zu einer übelriechenden und manchmal auch gefährlichen Zahnfleischentzündung führt.
Mit etwas Pflege können Sie jedoch verhindern, daß jedes Ausatmen Ihres Hundes Ihnen den Atem raubt.

Die Plaque bekämpfen. Manche Hunde lassen es sich gefallen, daß man ihnen die Zähne putzt. Wenn Sie Ihren Hund schon im Alter von wenigen Monaten daran gewöhnen, am und im Maul angefaßt zu werden, könnte es klappen. Loben und streicheln Sie ihn bei diesen Übun-

Verdächtiger Gestank

Wenn die Augen der Spiegel der Seele sind, ist das Maul der Spiegel der Gesundheit Ihres Hundes. Eine unangenehme Wolke, die aus dem Maul aufsteigt, ist meistens kein Grund zur Sorge, doch es gibt einige schwere Krankheiten, die sich durch einen ganz typischen Mundgeruch bemerkbar machen. Vielfach kann der Tierarzt schon anhand des Mundgeruchs eine erste Diagnose stellen. Hier einige Beispiele:

- Ein süßer, fruchtiger Geruch kann ein Anzeichen für Diabetes sein, vor allem, wenn der Hund mehr trinkt und uriniert als gewöhnlich und zudem an Gewicht verliert.
- Ein urinähnlicher Geruch deutet auf eine Nierenerkrankung hin, vor allem, wenn er mit gesteigertem Durst und verringertem Appetit einhergeht.
- Ein fauliger Geruch, begleitet von Erbrechen, Appetitlosigkeit, Schwellungen des Bauches und Gelbfärbung der Maul- und Augenschleimhäute, ist ein Anzeichen für eine Lebererkrankung.

gen. Nach einigen Tagen können Sie dann beginnen, einige wenige Zähne kreisförmig oder in einer Auf-und-Ab-Bewegung mit einem Stück Gaze zu putzen. Beziehen Sie allmählich immer mehr Zähne in die Behandlung ein. Irgendwann können Sie dann vielleicht auch eine Hundezahnbürste verwenden, die einfach über den Zeigefinger gestülpt wird und im Zoofachhandel erhältlich ist.

Zahnpasta für Hunde. Für Hunde gibt es spezielle Zahncremes in verschiedenen Geschmacksrichtungen. Benutzen Sie aber auf keinen Fall Ihre eigene Zahnpasta für Ihren Hund. Hunde können nichts ausspucken, und die geschluckte Zahnpasta stört ihre Verdauung.

Zahnpflege-Spielzeug. Ihr Hund haßt das Zähneputzen? Kaufen Sie ihm ein Spielzeug wie den Dental-Kong. Er besteht aus Weichgummi mit tiefen Rillen, die sich dem Hundegebiß anpassen. Bestreichen Sie das Spielzeug mit etwas Hundezahnpasta.

Ochsenschwanz als Zahnbürste. Wenn Sie das nächste Mal Ochsenschwanzsuppe machen, geben Sie Ihrem Hund den gekochten Schwanz. Die Sehnen und Fasern massieren Zähne und Zahnfleisch und tragen dazu bei, schwer erreichbare Zahnpartien zu säubern.

Auch Möhren helfen. Eine rohe Möhre, mittags als Zwischenmahlzeit gegeben, entfernt einen Teil der übelriechenden Plaque.

Mundspray. In Zoogeschäften gibt es Mundsprays für Hunde, die ähnlich wirken wie die Minz-Sprays für Menschen. Sie verbessern den Atem, stellen die Ursache für den Gestank jedoch nicht ab.

Das Dosenfutter einschränken. Ein Wechsel zu Trockenfutter kann den Geruch aus dem Maul verringern, weil beim Zerbeißen der harten Brocken der Belag von den Zähnen geschabt wird.

Keine Zwischenmahlzeiten. Wenn Sie Ihrem Hund ständig etwas zustecken oder ihm ungehinderten Zugang zum Futter gewähren, sind die schädlichen Bakterien in seinem Maul den ganzen Tag über aktiv. Stellen Sie also den Futternapf außer Reichweite, wenn der Hund nach 30 Minuten sein Futter noch nicht aufgefressen hat.

Reis zur Verdauungsförderung. Gekochter Naturreis fördert die Verdauung, und eine bessere Verdauung verringert den Mundgeruch. Ersetzen Sie einen Teil jeder Mahlzeit durch etwas Reis.

Chlorophyll. Chlorophyll, in Zoogeschäften erhältlich, fördert die Verdauung und reduziert damit den Maulgeruch.

Kauknochen. Kauknochen aus Rohleder schmirgeln die Plaque gewissermaßen von den Zähnen. Je länger sich der Hund damit beschäftigt, desto gründlicher werden seine Zähne geputzt.

Der Seiltrick. Ein Hundespielzeug aus geknotetem Tau wirkt fast so gut wie eine Zahnbürste. Das dicke Seil putzt Futterreste von den Zähnen, mit denen auch die Bakterien verschwinden.

Nachwuchs

Neun Wege, bei der Geburt zu helfen

Auch wenn Ihre Hündin keine Vorliebe für saure Gurken zeigt, ist doch nicht zu übersehen, daß sie tragend ist. Und irgendwann in der nächsten Zeit wird sie Sie mit ihren Jungen überraschen.
Machen Sie sich deswegen keine Sorgen. Es ist natürlich nicht verkehrt, den Tierarzt vorzuwarnen, wenn der Tag der Geburt näherrückt, aber davon abgesehen brauchen Sie nichts zu unternehmen – keine Hebamme zu bestellen und auch keinen Welpen-Pflegekurs zu absolvieren. Hunde bekommen schon seit Millionen von Jahren Junge, und bisher haben sie es auch ohne die Hilfe des Menschen geschafft.
Sie können jedoch dazu beitragen, daß an dem großen Tag alles gutgeht. Tierärzte empfehlen hierzu folgendes:

Holen Sie sie ins Haus. Auch wenn Ihre Hündin normalerweise draußen lebt, sollten Sie sie in der letzten Trächtigkeitswoche ins Haus holen, denn draußen sind die Neugeborenen zu großen Gefahren ausgesetzt.
Die Tragzeit beträgt 58 bis 68 Tage, und wenn die Hündin deutlich mehr Appetit zeigt und sich immer weniger bewegt, wissen Sie, daß die Geburt kurz bevorsteht.
Eine Wurfkiste vorbereiten. Die meisten Hündinnen begrüßen es, wenn man ihnen einen Platz zum Gebären und Säugen des Nachwuchses anbietet. Eine Wurfkiste können Sie entweder im Zoohandel kaufen oder selbst herstellen. Sie können dazu zum Beispiel ein aufblasbares Kinderplanschbecken verwenden oder einen großen Pappkarton. Er muß so groß sein, daß die Hündin ausgestreckt darin liegen kann und auch noch genug Platz für die Welpen bieten. Schneiden Sie eine Seite so tief aus, daß die Hundemutter ungehindert ein- und ausgehen kann, der Nachwuchs aber nicht. Verzichten Sie auf einen Deckel, damit Sie leichter nach den Tieren sehen können.
Machen Sie es ihr bequem. Polstern Sie die Wurfkiste mit mehreren Lagen Zeitungspapier, auf das noch mehrere alte Handtücher gelegt werden. Dieses Schichtprinzip hält die Welpen trocken und warm, und bei Bedarf können Sie verschmutzte Schichten herausziehen.
Sorgen Sie für Ruhe. Junge zu bekommen ist eine wichtige Erfahrung im Leben Ihrer Hündin. Achten Sie darauf, daß sie dabei nicht gestört wird. Eine ruhige Ecke in ihrem Lieblingszimmer ist ein guter Platz, und viele Hündinnen schätzen es, wenn es nicht zu hell ist.

Wann muß der Hund zum Tierarzt?

Beim Hund verläuft die Geburt fast immer komplikationslos. Es gibt jedoch Situationen, in denen der Tierarzt schnell eingreifen muß. Achten Sie auf folgende Anzeichen:

- Bevor das Jungtier ausgetrieben wird, tritt eine dunkelgrüne Flüssigkeit aus. Das kann bedeuten, daß sich die Plazenta – das Lebenserhaltungssystem des Nachwuchses – schon früher gelöst hat als vorgesehen.
- Die Hündin preßt länger als eine Stunde, ohne daß ein Welpe erscheint. Die Ursachen hierfür sind zu große Jungtiere oder eine falsche Lage des ersten Welpens.
- Sie wirkt länger als eine halbe Stunde nach der Geburt immer noch schwach, nervös oder unruhig. Das kann bedeuten, daß noch ein weiterer Welpe in der Gebärmutter ist.
- Tage oder Wochen nach der Geburt zittern ihre Muskeln oder sie erbricht häufig und hat Mühe, aufzustehen. Wahrscheinlich leidet sie an Eklampsie, einem gefährlichen Kalziummangel, der manchmal nach dem Gebären auftritt.

Helfen Sie ihr beim Einzug. Etwa ein bis zwei Wochen vor dem errechneten Geburtstermin sollten Sie die Hündin schon an ihre Wurfkiste gewöhnen. Manche Hündinnen sind so neugierig, daß sie sofort hineinspringen, um nachzusehen, was Sie da für sie gemacht haben. Anderen müssen Sie auf die Sprünge helfen. Helfen Sie ihr hinein, aber wundern Sie sich nicht, wenn sie sofort wieder hinausspringt. Wenn es schließlich so weit ist, wird sie wahrscheinlich von selbst wiederkommen.

Letzte Vorbereitungen. 6 bis 24 Stunden vor der Geburt kann die Hündin unruhig werden, hecheln oder zittern. Vielleicht läuft sie auch herum und sucht nach einem geeigneten Platz. Lassen Sie sich davon nicht beunruhigen. Dieses Verhalten ist normal, und Sie können nichts tun, um ihr zu helfen.

Rechnen Sie mit plötzlichen Planänderungen. All ihren Bemühungen zum Trotz, weigern sich manche Hündinnen, ihre Wurfkiste zu benutzen. In diesem Fall breiten Sie einfach ein paar saubere Handtücher dort aus, wo sie liegt. Dann treten Sie zurück und lassen die Natur ihren Lauf nehmen.

Das 1 x 1 der Geburtshilfe

Normalerweise bringen Hündinnen ihren Nachwuchs ohne fremde Hilfe zur Welt, doch es gibt Situationen, in denen Sie eingreifen müssen.
Es kommt zum Beispiel manchmal vor, daß ein Welpe nur zur Hälfte ausgetrieben wird, obwohl sich die Mutter alle Mühe gibt. In diesem Fall muß jemand die Hündin sanft festhalten, damit sie nicht beißen kann, während Sie das Junge vorsichtig mit einem sauberen Tuch umfassen und herausziehen. Wenn es sich nicht schnell und leicht herausziehen läßt, machen Sie nicht weiter, sondern rufen Sie sofort den Tierarzt an.
Wenn ein Welpe geboren ist, wird die Mutter instinktiv die Fruchtblase aufreißen (falls sie das Neugeborene noch umgibt), die Nabelschnur abbeißen und das Junge kräftig ablecken, um Atmung und Kreislauf anzuregen. Wenn sie aber auch nach 30 Sekunden noch keine Anstalten dazu macht, müssen Sie ihr diese Arbeiten abnehmen.
Beim Entfernen der Fruchtblase beginnen Sie am Maul und streifen sie mit den Fingern nach hinten ab. Wischen Sie mit einem Finger vorsichtig den Schleim aus dem Mäulchen und reiben Sie den Welpen dann mehrere Sekunden lang mit einem sauberen Waschlappen ab.
Danach legen Sie ihn der Hundemutter hin, damit sie ihn belecken und die Nabelschnur durchtrennen kann. Wenn sie es nach etwa einer Minute immer noch nicht getan hat, müssen Sie es machen.
Schneiden Sie zwei Stücke Nähgarn ab und tränken Sie sie in Alkohol. Knoten Sie den einen Faden mit etwa 3-4 Zentimeter Abstand vom Bauch des Welpens und den anderen etwa 10 Zentimeter von der Nachgeburt entfernt um die Nabelschnur. Schneiden Sie die Nabelschnur zwischen den beiden Fäden mit einer scharfen, sterilisierten Schere durch und desinfizieren Sie den Nabelstumpf mit etwas Jod.
Dann reiben Sie den Welpen mit dem Waschlappen noch einmal kräftig ab, wobei Sie ihn kopfunter halten sollten, damit das Fruchtwasser aus Mund, Nase und Ohren läuft. Überprüfen Sie die Atmung. Wenn der Welpe quiekt, wissen Sie, daß er atmet, doch das können Sie auch feststellen, wenn Sie genau hinsehen.
Wenn der Welpe gesund und munter aussieht, legen Sie ihn mit dem Kopf voran an die Zitzen der Mutter und lassen Sie sie alles übrige erledigen.

Wenn die Jungen dann alle da sind, können Sie sie in die Wurfkiste umquartieren. Die Mutter wird ihnen schon bald folgen.

Fotografierverbot. Manche Leute sind ganz versessen darauf, die Geburt ihrer Welpen auf Fotos festzuhalten. Bitte verzichten Sie darauf. Blitzlicht und die ungewohnte Ausrüstung könnten die Hündin so verunsichern, daß etwas schiefgeht.

Wenn es der Hündin nichts ausmacht, können Sie aber aus einiger Entfernung zusehen. Bemühen Sie sich, leise zu sprechen und die Hündin nicht zu bedrängen. Wenn Sie das Gefühl haben, daß Ihre Anwesenheit nicht erwünscht ist, ziehen Sie sich zurück.

Hilfe unerwünscht. Sicher würden Sie gern bei der Geburt helfen, doch in den allermeisten Fällen richten Sie damit mehr Schaden als Nutzen an.

Denken Sie immer daran: Was für Sie neu ist und gefährlich aussieht, ist für Ihre Hündin ganz normal. Manche Hündinnen, vor allem Erstgebärende, jaulen während der Austreibungsphase ganz fürchterlich. Andere bringen ihre Jungen in hockender Stellung zur Welt, und die meisten fressen die Nachgeburt. So lange Sie wissen, was normal ist und was nicht, können Sie sich beruhigt zurücklehnen und zusehen.

Nebenhöhlen-Probleme

Sieben Wege, gegen die Schniefnase vorzugehen

Wenn es um die Benutzung der Nase geht, sind Hunde wahre Meister. Mit ihr begrüßen sie Freunde, untersuchen fremde Territorien und beschnuppern alles, das nicht wegläuft.
Dabei atmen sie natürlich manchmal etwas ein, das ihnen nicht bekommt, einen Schnupfenvirus zum Beispiel oder einen Grassamen, der die Nasenschleimhaut reizt. Daraus kann schließlich eine Entzündung der Nebenhöhlen resultieren.
Eine ausgewachsene Nebenhöhlenentzündung muß natürlich vom Tierarzt behandelt werden, doch Sie können dazu beitragen, die Symptome – Niesen und eine Schnupfennase – zu lindern.

Eine warme Mahlzeit. Gut durchgewärmtes Futter wird nicht nur gern gefressen, die Wärme trägt auch dazu bei, den festen Schleim in den Nebenhöhlen zu lösen, und erleichtert damit das Atmen.
Sie können zum Beispiel das Hundefutter mit warmem Wasser verrühren oder es ein bis zwei Minuten in die Mikrowelle stellen. Achten Sie aber darauf, es nicht so heiß werden zu lassen, daß sich der Hund das Maul daran verbrennt.
Das Futter aufwerten. Ein Hund, dessen Nase verstopft ist, mag oft nichts fressen. Er braucht jedoch gehaltvolles Futter, um sich schnell wieder zu erholen. Versuchen Sie, Ihren kranken Hund zum Fressen zu überreden. Bei vielen Hunden gelingt dies mit gekochter Leber.
Die Nase putzen. Wenn die Nasenlöcher mit getrocknetem Schleim verklebt sind, fühlt sich der Hund unwohl und bekommt schlecht Luft. Wischen Sie das Sekret mit einem feuchtwarmen Tuch weg, bevor es eintrocknet.
Gefühlvoll vorgehen. Ist die Nase schon gereizt oder wund, müssen Sie besonders vorsichtig vorgehen.
Benutzen Sie zur Reinigung Babypflegetücher, die mit lindernden Substanzen wie Aloe Vera imprägniert sind.
Dampfbäder. Feuchtwarme Luft beruhigt die gereizten Schleimhäute und läßt die Nebenhöhlen wieder frei werden.

Wann muß der Hund zum Tierarzt?

Verstopfte Nebenhöhlen werden manchmal nur durch harmlose Dinge wie etwa ein eingeatmetes Samenkorn ausgelöst, sie können aber auch darauf hindeuten, daß sich der Hund eine gefährliche bakterielle Infektion eingefangen hat. Ausfluß aus nur einem Nasenloch kann auch ein Anzeichen von Krebs sein.

Wenn Ihr Hund Fieber und dickflüssigen, verfärbten Nasenausfluß hat und teilnahmslos oder träge wirkt, müssen Sie mit ihm zum Tierarzt. Er wird mit Antibiotika oder anderen Medikamenten gegen die Infektion vorgehen.

Nehmen Sie Ihren Hund mit ins Badezimmer, wenn Sie baden oder duschen. Der Aufenthalt in dem dampfgefüllten Raum wird ihm gut tun.

Luftbefeuchter. Dasselbe Ergebnis erzielen Sie mit einem Luftbefeuchter, den Sie warmes Wasser verdampfen lassen. Geben Sie etwas Menthol ins Wasser, denn es lindert die Beschwerden und befreit die Atemwege.

Auch ein Luftbefeuchter für kaltes Wasser trägt dazu bei, die Schleimhäute feucht zu halten.

Nasentropfen. Beim Tierarzt bekommen Sie Nasentropfen auf der Basis einer sterilen Salzlösung. Sie lindern die Beschwerden und verdünnen für einige Zeit den Nasenausfluß, so daß Ihr Hund leichter atmen kann. Halten Sie den Kopf des Hundes hoch und lassen Sie einen Tropfen in jedes Nasenloch fallen.

Nesselausschlag

Vier Wege, den Juckreiz zu stillen

Wenn ein Hinterbein Ihres Hundes hochfährt und Sie das „Klopf, klopf, klopf“ auf dem Boden hören, wissen Sie, daß Ihr Hund unter Juckreiz leidet. Oft sind Flöhe die Ursache dafür, doch es könnte auch ein Nesselausschlag sein – rote Schwellungen auf der Haut, die durch eine Allergie verursacht werden, zum Beispiel gegen Insektenstiche oder Pollen. Vielleicht reagiert Ihr Hund auch allergisch auf einen Bestandteil in seinem Futter. Ein Nesselausschlag kommt beim Hund nur selten vor, doch wenn er auftritt, juckt er einen oder zwei Tage lang ganz fürchterlich. In den meisten Fällen verschwindet der Ausschlag im Laufe von 24 Stunden von selbst, doch bei allergischen Hunden kann er immer wieder auftreten.

Wenn die Schwellungen nicht innerhalb von 24 Stunden abklingen oder immer wieder kommen, sollten Sie Ihren Hund zum Tierarzt bringen. In der Zwischenzeit können Sie folgende Maßnahmen ergreifen:

Keine Salben auftragen. Juckreizlindernde Salben, die beim Menschen gute Wirkung zeigen, sind bei Hunden weniger wirksam, weil sie durch das Fell kaum auf die Haut zu bringen sind und außerdem häufig vom Hund wieder abgeleckt werden.

Nicht kratzen. Natürlich freut sich Ihr Hund, wenn Sie ihn kratzen, doch bei einem Nesselausschlag wird der Juckreiz durch das hilfreiche Kratzen nur verschlimmert.

Die Vorgeschichte beachten. Da der Nesselausschlag meistens durch eine Allergie verursacht wird, müssen Sie etwas Detektivarbeit betreiben, um die genaue Ursache herauszufinden. Notieren Sie, wann der Ausschlag auftrat, wann er schlimmer oder besser wurde und was Ihr Hund gefressen hat oder womit er in Kontakt gekommen ist. Schreiben Sie auch auf, ob Ihre anderen Tiere ebenfalls betroffen waren.

Futterallergie. Manche Hunde bekommen Ausschlag, weil sie gegen eine bestimmte Proteinquelle in ihrem Futter allergisch sind. In diesem Fall sollten Sie zu einem Hundefutter wechseln, das Proteinquellen enthält, die Ihr Hund bisher nicht genutzt hat, so zum Beispiel Fisch und Kartoffeln. Wenn der Ausschlag bei der neuen Fütterung nach ein paar Tagen oder Wochen verschwindet, wissen Sie, daß es eine Futterallergie ist. Dann müssen Sie die Ernährung umstellen. Ihr Tierarzt kann Ihnen Futtersorten empfehlen, die Ihr Hund verträgt.

Ohrmilben

Sieben Methoden, die Quälgeister loszuwerden

Ein liebevolles Kraulen hinter den Ohren ruft nicht das gewohnte Strahlen hervor, sondern läßt eine hektisch kratzende Hinterpfote hochfahren?
Heftiger Juckreiz in den Ohren kann auf einen Befall mit Ohrmilben hindeuten – winzigen achtbeinigen Parasiten, die sich zu Tausenden im Gehörgang ansiedeln. Wenn sie aufgestört werden, zum Beispiel durch heftiges Kratzen oder Kopfschütteln, wird der Juckreiz unerträglich. Wenn die Ohren nicht behandelt werden, kann es passieren, daß der Hund sie sich blutig kratzt und sich Infektionen einstellen.
Ohrmilben werden von einem Tier zum nächsten übertragen, das bedeutet, daß es fast unmöglich ist, einem Befall vorzubeugen. Doch mit etwas Geduld und Ausdauer (und tierärztlicher Unterstützung) kann man sie besiegen. Tierärzte empfehlen dazu folgende Maßnahmen:

Die Kruste entfernen. Bevor Sie Medikamente ins Ohr geben, müssen Sie die Kruste entfernen, die das Ohrinnere bedeckt. Andernfalls würden die Milben unter ihr in Deckung gehen, und das Medikament kann nicht wirken. Geben Sie mit einer Pipette mehrere Tropfen Öl in jedes Ohr und warten Sie einige Stunden, bis die Kruste aufgeweicht ist. Dann füllen Sie eine Ohrreinigungsspritze aus Gummi zu gleichen Teilen mit Essig und warmem Wasser und spülen den Schmutz aus dem Gehörgang. Arbeiten Sie niemals mit zu hohem Druck. Am besten ist es, kurz zu drücken und dann wieder loszulassen.
Nach dem Spülen wischen Sie die letzten Rückstände mit einem Wattebausch ab. Wiederholen Sie die Prozedur, bis die Ohren sauber sind.

Wann muß der Hund zum Tierarzt?

Wenn die Milben nach einem Monat der Behandlung noch nicht verschwunden sind oder Ihr Hund einen Ausschlag oder eine Reizung im Ohrinnern bekommt, brechen Sie die Behandlung ab und bringen Sie den Hund zum Tierarzt. Er wird stärkere Mittel und vielleicht auch Antibiotika verordnen.

Ohrentropfen. Auch wenn die Ohren Ihres Hundes sauber sind, wird der Tierarzt vermutlich noch zu Ohrentropfen raten. Einige dieser Tropfen enthalten Pyrethrin, ein Insektizid, das aus Chrysanthemen gewonnen wird. Ohrentropfen bekommen Sie aber auch im Zoofachhandel. Ihre Anwendung ist relativ problemlos: Geben Sie die Tropfen in den Gehörgang und massieren Sie den Ohransatz dann drei bis fünf Minuten lang, damit sich die Flüssigkeit verteilt. Danach treten Sie etwas zurück, weil der Hund unweigerlich den Kopf schütteln wird, wodurch ein Teil der Flüssigkeit wieder entfernt wird. Wischen Sie den Rest mit einem Wattebausch oder einem weichen Tuch ab. Behandeln Sie die Ohren zehn Tage lang jeden Tag, machen Sie danach zehn Tage Pause, auf die dann noch ein zehntägiges Behandlungsintervall folgt.

Versuchen Sie es mit Öl. Anstelle von medizinischen Ohrentropfen können Sie auch einmal täglich ein paar Tropfen Babyöl in die Ohren geben. Es läßt einige der Milben ersticken und lindert den Juckreiz.

Das Öl muß auf Körpertemperatur erwärmt werden. Geben Sie mit einer Pipette nur so viel Öl ins Ohr, daß der Gehörgang damit überzogen ist. Überschwemmen Sie die Ohren nicht mit Öl. Das Öl wird zwar nicht alle Milben töten, doch es verringert ihre Zahl und lindert für einen oder zwei Tage die Beschwerden.

Diese Behandlung sollten Sie bis zu einen Monat lang durchführen, um auch die frischgeschlüpften Milben zu erwischen, bevor diese selbst Eier legen.

Es sind nicht immer Milben

Es gibt eine Reihe von Erkrankungen der Ohren, die nicht durch Milben verursacht werden. Folgende Anzeichen deuten auf eine solche Erkrankung hin:

- Dunkle, schmierige Absonderungen, die nach Hefe riechen. Es können sich Hefepilze angesiedelt haben, was vor allem passiert, nachdem der Hund Wasser in die Ohren bekommen hat.
- Rötungen in den Ohren und feuchte, gelbe Absonderungen, die fruchtig oder unangenehm riechen. Sie deuten auf eine bakterielle Infektion hin, die mit Antibiotika behandelt werden muß.
- Schiefhalten des Kopfes ist ein Hinweis auf Probleme im Innenohr, wie zum Beispiel ein gerissenes Trommelfell. Chronische Entzündungen des Innenohrs gehen fast immer mit einer Verletzung des Trommelfells einher.

Der Milben-Test

Wenn Sie vermuten, daß Ihr Hund Ohrmilben hat, sich aber nicht ganz sicher sind, machen Sie den Milbentest. Klappen Sie eine Ohrspitze vorsichtig um und reiben Sie sie über die Öffnung. Wenn der Hund sofort mit dem Hinterbein „mitkratzt", hat erwahrscheinlich Ohrmilben.
Eine andere Methode, die Milben nachzuweisen, besteht darin, das Ohrinnere vorsichtig mit einem Wattestäbchen auszuwischen und dann mit dem Stäbchen über ein dunkles Stück Papier zu fahren. Wenn Sie ein helles Licht auf das Papier richten, werden Sie die Milben laufen sehen. Sie können die Milben auch entdecken, wenn Sie direkt ins Ohr schauen. Befindet sich dort eine dunkle, krümelige, rötlichschwarze Kruste, die aussieht wie Kaffeesatz, ist der Fall klar.

Die italienische Lösung. Knoblauch und Olivenöl eignen sich nicht nur für Pizza – sie helfen auch gegen Ohrmilben. Zerdrücken Sie vier Knoblauchzehen und legen Sie sie über Nacht in Olivenöl. Dann holen Sie die Zehen wieder heraus, erwärmen das Öl und geben einige Tropfen in die Ohren Ihres Hundes. Wie oft die Behandlung wiederholt werden muß, hängt von der Stärke des Befalls ab. Die Milben werden von jeder Art von Öl getötet, diese Lösung wirkt zusätzlich lindernd.
Die Wanderer vernichten. Ohrmilben verlassen ihr gemütliches kleines Heim nur ungern, doch es gibt immer wieder abenteuerlustige Gesellen unter ihnen, die es doch tun – um dann Tage oder Wochen später ins Ohr zurückzukehren und eine neue Kolonie aufzubauen.
Das bedeutet, daß Sie Ihren ganzen Hund behandeln müssen, zum Beispiel mit Flohpulver. Und wenn Sie schon dabei sind, sollten Sie auch gleich Ihre Wohnung aussprühen, denn die Milben können auch ohne Wirt monatelang überleben. Achten Sie darauf, nur Insektizide zu benutzen, die speziell für Hunde entwickelt wurden.
Nicht zu früh aufgeben. Die Entwicklung vom Ei zur ausgewachsenen Milbe dauert etwa drei Wochen. Für welche Behandlungsmethode Sie sich auch entscheiden – einen Monat sollten Sie durchhalten, selbst wenn Ihr Hund längst beschwerdefrei erscheint.
Vorbeugen ist besser. Regelmäßiges Säubern der Ohren kann einen erneuten Befall verhindern, weil eingedrungene Milben entfernt werden, bevor sie eine neue Kolonie gründen können. Wischen Sie den Gehörgang einmal im Monat mit einem Wattestäbchen – trocken oder mit Wasserstoffperoxid angefeuchtet – vorsichtig aus. Wenn Sie die Wattespitze nicht mehr sehen können, sind Sie zu tief vorgedrungen.

Paarungsprobleme

Elf Wege, das Feuer der Leidenschaft zu entfachen

Sie wollen Nachwuchs von Ihrer Rassehündin? Sie hatte aber noch nie Junge? Das könnte Probleme geben, denn unter Umständen weiß sie nicht, wie sie sich bei der Paarung verhalten muß. Dasselbe gilt für unerfahrene Rüden. Manche sind zu schüchtern, bei anderen ist Aggressivität das Problem. Mit etwas Vorausplanung und Geduld können Sie jedoch dafür sorgen, daß es zu einer erfolgreichen Paarung kommt.

Früh übt sich. Wenn Ihr Rüde im Alter von fünf Jahren zum erstenmal decken soll, kann es Probleme geben. In diesem Alter reicht die Libido vielleicht nicht mehr aus oder die Spermiendichte ist zu gering. Wahrscheinlich wird er auch nicht wissen, was er tun soll, wenn ihm eine Hündin gegenübersteht. Am günstigsten ist es, wenn ein Rüde ungefähr im Alter von anderthalb Jahren zum erstenmal decken kann. Zuvor sollten Sie Hund und Hündin vom Tierarzt untersuchen lassen.

Eine erfahrene Partnerin. Hündinnen haben gewöhnlich keine Probleme bei der Paarung. Um einem unfahrenen Rüden seine Aufgabe zu erleichtern, sollten Sie ihn eine erfahrene Hündin decken lassen.

Zu mir oder zu dir? Rüden werden nervös, wenn sie sich im Revier eines anderen Hundes befinden. Bringen Sie also die Hündin zum Rüden, denn in seiner gewohnten Umgebung wird er sich sicherer fühlen und seiner Arbeit souveräner nachgehen.

Selbstvertrauen geben. Auch die Hündin fühlt sich in der fremden Umgebung unsicher. Um ihr darüber hinwegzuhelfen, geben Sie ihr ihr Lieblingsspielzeug oder ihre gewohnte Decke mit.

Erstes Kennenlernen. Bei manchen Hunden ist es Liebe auf den ersten Blick ist, bei anderen erweist sich das „Blind Date“ als Fehlschlag. Solange sich die Tiere nicht kennen, passiert gar nichts. Lassen Sie den Tieren Zeit, sich aneinander zu gewöhnen. Das kann einen ganzen Tag dauern. Irgendwann werden sie dem Ruf der Natur folgen.

Melden Sie Ihre Hündin an. Wenn ein längeres Beisammensein nicht möglich ist, schicken Sie dem Rüden eine Botschaft von Ihrer Hündin – eine Decke, ein Spielzeug oder etwas anderes, das nach ihr riecht. Hunde nehmen ihre Umgebung hauptsächlich über den Geruchssinn wahr, und wenn sie bereits an den Duft ihrer Zukünftigen gewöhnt sind, wird das tatsächliche Kennenlernen problemloser ablaufen.

Wann muß der Hund zum Tierarzt?

Wenn alles gutgegangen ist, können Sie davon ausgehen, in 63 bis 65 Tagen ein paar neue Hunde zu besitzen. Manchmal werden Hündinnen allerdings nicht tragend. Das liegt gewöhnlich daran, daß der Zeitpunkt der Bedeckung falsch gewählt wurde. Es kann natürlich auch sein, daß einer der Partner unfruchtbar ist. Es gibt eine Reihe von Krankheiten, die Hunde unfruchtbar machen, so zum Beispiel eine Brucellose-Infektion. Im Anfangsstadium lassen sich diese Bakterien mit Antibiotika bekämpfen, doch wenn sie unentdeckt bleiben, kommt es zu dauernder Unfruchtbarkeit. Wenn Ihre Hündin mehrmals gedeckt wurde, ohne tragend zu werden, bringen Sie sie zum Tierarzt.

Für die richtige Atmosphäre sorgen. Die meisten Hunde, vor allem aber junge Tiere, bevorzugen einen Ort, an dem sie ungestört sind. Viele von ihnen mögen es nicht, wenn man bei der Paarung zusieht. Benutzen Sie zum Beispiel einen Raum mit einem Fenster oder mit einer Gittertür, damit Sie gelegentlich nachsehen können, ob alles gutgeht.

Den richtigen Partner wählen. Gelegentlich kommt es vor, daß eine Hündin den für sie ausgewählten Rüden ablehnt oder umgekehrt. Wenn die beiden also keinerlei Interesse aneinander zeigen oder aufeinander losgehen, sollten Sie nicht auf einer Paarung bestehen, sondern lieber einen anderen Partner für Ihr Tier auswählen.

Kleine Stellungskorrektur. Rüden, die noch nie gedeckt haben, wissen oft nicht, wie sie dabei vorgehen sollen und bespringen häufig sogar das falsche Ende der Hündin. Versuchen Sie nicht, den Rüden in die richtige Position zu bringen, sondern stellen Sie die Hündin so hin, daß es klappt.

Für Erleichterung sorgen. Der Deckakt wirkt sich nicht nur auf die Libido aus, er steigert auch den Harndrang. Rechnen Sie also damit, daß die Hunde zwischendurch hinaus müssen.

Den Knoten lösen. Nach der Paarung schwillt der Penis an, und die Hunde sind 30 bis 60 Minuten lang untrennbar miteinander verbunden. Sie müssen aufpassen, daß sie sich in dieser Zeit nicht selbst verletzen. Unerfahrene Rüden wissen oft nicht, daß sie von der Hündin heruntersteigen und sich umdrehen müssen. Wenn der Rüde nach einer Stunde immer noch „hängt", sich aber wieder in der ursprünglichen Aufreiteposition befindet, können Sie durch Druck auf seinen Rumpf versuchen, die Verbindung zu lösen. Eventuell hilft auch ein kleiner Eisbeutel, mit dem Sie die Hoden kühlen.

Pfotenprobleme

Dreizehn Maßnahmen, die dem Hund wieder auf die Beine helfen

Sie würden sicher nicht barfuß über ein Stoppelfeld, über sonnenheiße Felsen oder verharschten Schnee laufen wollen. Das alles macht Ihrem Hund nichts aus. Seine Sohlen sind so hart und widerstandsfähig, daß er auch dort noch laufen kann, wo menschliche Füße den Dienst versagen. Doch auch die härtesten Pfotenballen bieten keinen hundertprozentigen Schutz vor Schnitt- und Schürfwunden oder Verbrennungen. Die Haut zwischen den Zehen ist sogar sehr empfindlich, und Schnittwunden an den Pfoten sind extrem schmerzhaft.
Die folgenden Maßnahmen können helfen, wenn Ihr Hund eines Tages auf drei Beinen daherkommt.

Die Pfote untersuchen. Wenn Ihr Hund humpelt, müssen Sie herausfinden, woran es liegt. Hocken Sie sich zu ihm auf den Boden und heben Sie die verletzte Pfote vorsichtig hoch. Achten Sie auf Rötungen, Schwellungen, Blut oder andere Anzeichen einer Verletzung. Drücken Sie vorsichtig auf die Ballen, die Zehenzwischenräume und die Krallen. Wenn der Hund zurückzuckt oder einen Schmerzlaut ausstößt, haben Sie die Verletzung gefunden.
Rechnen Sie damit, daß der Hund sich wehrt. Notfalls bitten Sie jemanden, ihn festzuhalten, während Sie die Pfote untersuchen.
Kletten. Wenn Ihr Hund draußen herumgestreift ist, kann es sein, daß er eine Klette an der Pfote hat – eine stachlige Samenkapsel, die sich zwischen die Zehen geheftet hat.
Um sie zu entfernen, packen Sie sie mit einer Pinzette. Sie läßt sich leichter herausziehen, wenn Sie etwas Pflanzenöl darauftraufeln. Wenn sie zu tief in den Haaren sitzt, müssen Sie sie herausschneiden. Achten Sie aber sehr darauf, die umliegende Haut nicht zu verletzen.
Die Pfoten frisieren. Bei langhaarigen Hunden kann das Fell zwischen den Ballen verfilzen. Die verschmutzten Haarklumpen üben Druck aus, und der Hund lahmt. Schneiden Sie die Haare zwischen den Zehen also gelegentlich etwas zurück.
Die Pfoten waschen. Auch zwischen den Zehen festsitzender eingetrockneter Schlamm kann eine Lahmheit verursachen. Waschen Sie die Pfoten Ihres Hundes bei „Matschwetter“ gründlich mit klarem Wasser ab, wenn Sie mit ihm nach Hause kommen.

Sorgfältig abtrocknen. Zuviel Feuchtigkeit reizt die Haut. Trocknen Sie deshalb die Pfoten nach dem Waschen oder einem Spaziergang im Regen gründlich mit einem weichen Handtuch ab.

Verbrennungen. Auch die zäheste Haut ist gegen Verbrennungen nicht gefeit. Sie entstehen durch Reibung oder den Kontakt mit einer heißen Oberfläche. Säubern Sie die Wunden sorgfältig und lassen Sie sich vom Tierarzt eine geeignete Salbe geben.

Verbinden. Wenn Sie die Salbe aufgetragen haben, bandagieren Sie die Pfoten locker mit einer Gazebandage und ziehen eine Kindersocke darüber, damit die Bandage wenigstens so lange hält, bis die Salbe wirkt.

Rauhe Pfoten. Entsprechend den rauhen Händen beim Menschen trocknet auch die Haut an den Pfotenballen des Hundes manchmal aus und wird rissig. Dagegen hilft eine Feuchtigkeitscreme – nehmen Sie ruhig die Handcreme, die Sie selbst benutzen. Auch Vitamin E-Öl aus der Apotheke hilft.

Das Schwierige daran ist, den Hund dazu zu bringen, die Creme nicht sofort wieder abzulecken. Am besten cremen Sie seine Pfoten kurz vor dem Füttern ein, dann ist er eine Weile abgelenkt.

Nicht zu oft eincremen. Tragen Sie die Creme nicht zu oft auf, damit die Ballen nicht zu weich und damit auch empfindlich werden. Länger als ein paar Tage sollten Sie die Behandlung nicht durchführen.

Ein Teufelskreis

Kinder nuckeln am Daumen, und mehr als ein Erwachsener knabbert an seinen Nägeln herum. Doch wer hätte gedacht, daß das Leben eines Hundes so nervenaufreibend sein kann, daß er anfängt, seine Pfoten zu lecken?

Gelangweilte, verängstigte oder deprimierte Hunde beginnen manchmal, eine oder beide Vorderpfoten zu belecken – nicht nur ein oder zwei Minuten, sondern stundenlang. Die ständige Feuchtigkeit kann Pilzerkrankungen Vorschub leisten, und im schlimmsten Fall bilden sich Geschwüre auf den Pfoten.

Um diesen Teufelskreis zu unterbrechen, hilft manchmal nur eine Halskrause – ein Kragen aus Pappe oder Plastik, der um den Hals gelegt wird und es dem Hund unmöglich macht, die Pfoten mit dem Maul zu erreichen. Eine solche Halskrause bekommen Sie beim Tierarzt. Eventuell wird er auch ein Beruhigungsmittel verschreiben, denn die meisten Hunde, die zu dieser Form des Zeitvertreibs neigen, sind besonders nervöse Tiere.

Wintersorgen. Im Winter sollten Sie die Pfoten Ihres Hundes nach jedem Spaziergang sofort mit Wasser und Seife von eventuell anhaftendem Streusalz befreien. Danach gut abtrocknen und und mit einer lanolinhaltigen Creme dünn einreiben.

Vorsicht, Gift! Chemische Substanzen wie Motoröl, Frostschutz- oder Reinigungsmittel darf der Hund auf keinen Fall schlucken. Wenn er in etwas potentiell Gefährliches getreten ist, darf er seine Pfoten nicht selbst ablecken. Um ihm die Pfoten zu waschen, brauchen Sie in den meisten Fällen nur warmes Wasser und etwas Geschirrspülmittel. Gegen Verätzungen hilft Olivenöl.

Geben Sie das Spülmittel oder Öl auf einen feuchten Waschlappen und waschen Sie alles ab. Reiben Sie aber nicht so stark, daß mögliche Verletzungen verschlimmert werden. Wenn sich der gefährliche Stoff nicht leicht entfernen läßt, bringen Sie den Hund zum Tierarzt.

Kaugummi. Hat Ihr Hund einen Kaugummi zwischen den Zehen sitzen? Versuchen Sie, ihn mit etwas Spülmittel aufzulösen.

Wenn er vollkommen mit den Haaren verklebt ist, müssen Sie ihn herausschneiden. Benutzen Sie eine kleine Schere und achten Sie darauf, die Haut nicht zu verletzen.

Vergessen Sie die Schuhe. In Zoogeschäften und Versandhauskatalogen werden Gummischuhe für Hunde angeboten – vor allem für Jagdhunde, die in Feld und Wald unterwegs sind –, doch in den meisten Fällen sind sie überflüssig. Die Hunde verlieren sie ohnehin ständig.

Pollen- und andere Allergien

Sieben Methoden, dem Hund Erleichterung zu verschaffen

Heuschnupfen bei Hunden? Allerdings!
Wie viele Menschen reagieren auch Hunde empfindlich auf herumfliegende Partikel – nicht nur Pollen oder Schimmelpilze, sondern auch Staub, Federn oder Wolle. Anders als menschliche Allergiker, bei denen sich die Allergie durch rote Augen, Schnupfen und explosionsartige Niesanfälle bemerkbar macht, leiden allergische Hunde unter Hautjucken. Um die Haut zu beruhigen und die Allergie unter Kontrolle zu bekommen, empfehlen Experten folgende Maßnahmen:

Kaltes Wasser. Den Hund in kaltes Wasser zu setzen, beruhigt die juckende Haut recht schnell. Baden Sie Ihren Hund fünf bis zehn Minuten lang. Das Wasser muß aber kalt sein, weil warmes Wasser den Juckreiz noch verstärkt.
Linderung durch Antihistamine. Viele Allergien lassen sich mit Antihistaminen unter Kontrolle bringen. Ihr Tierarzt wird Ihnen ein geeignetes Medikament empfehlen und Ihnen auch sagen, wie Sie es anwenden müssen. Nicht jedes freiverkäufliche Medikament eignet sich für Hunde. Aber auch bei den Mitteln, die Ihr Tierarzt verschreibt, gibt es keine Erfolgsgarantie. Probieren Sie jedes Mittel vier bis sechs Tage lang aus, bevor Sie behaupten, daß es nichts taugt. Wenn Sie dann

Wann muß der Hund zum Tierarzt?

In der Regel veranlassen Allergien Hunde nur dazu, sich etwas mehr zu kratzen als gewöhnlich; in manchen Fällen ist der Juckreiz jedoch so stark, daß die Tiere sich blutig kratzen und sich Infektionen einstellen. Bei besonders empfindlichen Hunden raten Tierärzte zur Desensibilisierung. Anfangs müssen sie alle paar Tage eine Spritze bekommen, später einmal wöchentlich, und das über Monate oder gar Jahre. Mit Glück verschwindet die Allergie bei dieser Behandlung irgendwann und muß dann natürlich auch nicht mehr behandelt werden.

Tabletten eingeben

Antihistamine wirken bei Allergien recht gut, doch die Tabletten in den Hund zu bekommen, ist oft nicht ganz einfach.
Die Medikamente wirken auf leeren Magen am besten, es empfiehlt sich also nicht, sie unter das Futter zu mischen (zumal kluge Hunde ohnehin säuberlich um die Tabletten herumfressen).
Eine bessere Methode ist es, die Tabletten direkt ins Maul zu geben. Legen Sie eine Hand so über den Nasenrücken, daß Daumen und Mittelfinger hinter den Eckzähnen liegen. Drücken Sie die Lippen vorsichtig gegen die Zähne, bis der Unterkiefer herunterklappt.
Mit der anderen Hand legen Sie die Tablette schnell auf den Zungenrücken. Dann halten Sie das Maul zu und warten, bis der Hund schluckt. Wenn er sich dann über die Nase leckt, wissen Sie, daß es geklappt hat.

schließlich das richtige Medikament gefunden haben, benutzen Sie es nicht nur, wenn die Symptome am stärksten sind. Viel besser ist es, es die ganze Allergiesaison über zu verabreichen.

Fettsäuren können helfen. Um die Haut zu beruhigen, können Sie Fettsäuren zufüttern, die auch bei Krankheiten wie Räude eingesetzt werden. Diese Fettsäuren sind in Kapselform erhältlich. Fragen Sie Ihren Tierarzt danach. Einem Hund diese Kapseln einzugeben, ist nicht ganz einfach. Sie können sie jedoch öffnen und das Öl ins Futter mischen. Bei etwa 20 Prozent der Hunde helfen die Fettsäuren. Außerdem schmecken sie nach Fisch, und viele Hunde fressen sie gern.

Halten Sie ihn im Haus. Im Frühjahr und Sommer ist die Luft voller Pollen – und Fell und Atemwege Ihres Lieblings natürlich auch. Wenn Sie Ihren Hund davor beschützen wollen, halten Sie ihn zur Hauptflugzeit – am frühen Morgen und Spätnachmittag – im Haus.

Ein Hundezimmer einrichten. Teppiche, schwere Vorhänge und Polstermöbel machen eine Wohnung erst gemütlich, aber sie ziehen auch Pollen und Staub an und halten sie fest wie ein Magnet.
Sie brauchen jedoch nicht Ihr ganzes Haus umzudekorieren. Achten Sie nur darauf, daß sich Ihr Hund überwiegend in Räumen aufhält, in denen keine dieser Staubfänger stehen.

Sauberkeit hilft. Tägliches Staubsaugen und -wischen läßt die allergieauslösenden Partikel zwar nicht verschwinden, aber es reduziert zumindest ihre Menge. Falls Sie eine Klimaanlage besitzen, wechseln Sie den Filter einmal im Monat.

Tierärzte empfehlen außerdem, Decken und Kissen, auf denen der Hund schläft, mindestens einmal die Woche zu waschen. Damit rücken Sie den Milben zu Leibe, die sich von abgestorbenen Hautschuppen ernähren und für viele Allergien verantwortlich sind.

Ein Fußbad. Allergische Hunde leiden manchmal unter starkem Juckreiz an den Pfoten. Ihnen kann ein Bittersalz-Fußbad Erleichterung verschaffen.

Füllen Sie nur so viel Wasser in die Wanne, daß die Pfoten bedeckt sind. Lösen Sie mehrere Tassen voll Bittersalzkristallen im Wasser auf. Dann lassen Sie den Hund fünf bis zehn Minuten in der Wanne stehen. Hinterher müssen die Pfoten abgetrocknet werden. Lassen Sie Ihren Hund das Wasser aber nicht trinken, denn Bittersalz ist ein wirksames Abführmittel.

Prostata-Probleme

Sechs hilfreiche Tips

Auch wenn Ihr Rüde nicht die Statur eines Bodybuilders hat, wird in seinem Körper doch jede Menge des männlichen Hormons Testosteron produziert.
Dieses Hormon hilft ihm zwar, sich als Macho zu fühlen, doch für die Prostata oder Vorsteherdrüse ist es nicht unbedingt gut. Die Prostata hat die Aufgabe, die Flüssigkeit zum Transport der Spermien herzustellen. Mit zunehmendem Alter beginnt diese Drüse – die direkt unterhalb der Blase den Harnleiter umschließt – sich zu vergrößern. Irgendwann übt sie dann Druck auf den Harnleiter aus und erschwert das Urinieren und später auch den Kotabsatz.
Zusätzlich kann es zu einer schmerzhaften Entzündung der Vorsteherdrüse kommen, der Prostatitis.
Wenn die Prostata-Probleme Ihrem Hund Schmerzen bereiten oder ihn beim Gehen und Urinieren behindern, wird Ihr Tierarzt Medikamente verschreiben oder zu einer Operation raten. Es gibt aber auch einiges, das Sie tun können, um Ihrem Hund das Leben leichter zu machen.

Oft hinausgehen. Hunden mit einer vergrößerten Prostata fällt es oft schwer, den gesamten Urin auf einmal loszuwerden. Gehen Sie häufig mit ihm vor die Tür – zum einen fühlt er sich dann wohler und zum anderen verhindert häufiges Urinieren eine Entzündung der Harnwege.
Nicht übertreiben. Wenn Ihr Hund ein Prostata-Problem hat, sollten Sie zwar oft mit ihm hinausgehen, es aber nicht übertreiben. Wenn er offensichtlich Schmerzen hat, reicht es, wenn Sie Ihre Ausflüge auf eine Runde durch den Garten beschränken.
Den Druck verringern. Manchmal übt die vergrößerte Drüse Druck auf den Dickdarm aus, wodurch der Kotabsatz erschwert wird. In diesem Fall wird der Tierarzt ein Medikament verschreiben, das den Kot weicher macht.
Die Schmerzen lindern. Wenn Ihr Hund offensichtlich Schmerzen hat, wird der Tierarzt Ihnen ein Schmerzmittel mitgeben, das Sie Ihrem Hund regelmäßig verabreichen müssen.
Für Wasser sorgen. Da es Hunden mit Prostata-Beschwerden schwer fällt, ihre Blase zu entleeren, droht die Gefahr, daß sich in dem angesammelten Urin Bakterien vermehren und es zu einer Blasenentzündung kommt.

Wann muß der Hund zum Tierarzt?

Eine Vergrößerung der Prostata ist nicht immer mit Schmerzen verbunden, doch manche Hunde leiden ihr Leben lang darunter und haben Rückenschmerzen und Probleme beim Laufen und Urinieren.
In den meisten Fällen hilft die Kastration. Die Ursache für die Vergrößerung der Drüse ist das männliche Hormon Testosteron, das in den Hoden produziert wird. Wird diese Hormonquelle entfernt, schrumpft die Prostata um bis zu 70 Prozent.
Bei Rüden, die schon früh kastriert wurden, tritt das Problem meistens gar nicht erst auf.

Ermuntern Sie Ihren Hund zum Trinken, damit er häufiger uriniert und die Bakterien möglichst schnell ausgeschieden werden.
Medikamente im richtigen Moment geben. Wenn der Tierarzt Antibiotika gegen die Prostata-Entzündung verschrieben hat, sollten Sie Ihrem Hund die Tabletten stets nach dem Harnabsatz geben, damit sie Zeit haben zu wirken und nicht gleich mit dem Urin wieder ausgeschieden werden.

Räude

Zehn Wege, sie zu heilen

Bei der Bezeichnung „räudiger Hund“ denkt man automatisch an ein heruntergekommenes Tier mit struppigem, verfilztem Fell, und tatsächlich erkranken überwiegend geschwächte Tiere.
Räude kann kleine, rote, haarlose Flecken verursachen, doch in schweren Fällen ist der Hund fast haarlos, und seine Haut ist verdickt und nässt.
Räude wird durch Milben verursacht, die Gänge in die Haut bohren. Eine Form der Krankheit, die Demodex-Räude, entsteht, wenn sich die auf dem Körper lebenden Milben plötzlich explosionsartig vermehren. Diese Haarbalgmilben verursachen Haarausfall und Schuppenbildung im Bereich der Augen, der Maulwinkel und der Vorderbeine.
Die zweite Form der Räude, die Sarkoptes-Räude, wird durch Grabmilben verursacht. Sie ist hochgradig ansteckend und mit starkem Juckreiz verbunden.
Nur der Tierarzt kann feststellen, um welche Form der Räude es sich handelt. Außerdem wird er Ihnen Tips geben, wie Sie Ihren Hund behandeln müssen, damit sein Fell nachwächst und er wieder glatt und glänzend wird.

Abwarten. Bei jungen Hunden heilt eine Infektion mit Demodex-Milben normalerweise von selbst. Rund 90 Prozent der Welpen, die an Gesicht oder vorderer Körperhälfte befallen sind, werden auch ohne Behandlung wieder gesund. Wenn allerdings nach einem Monat noch

Wann muß der Hund zum Tierarzt?

Wenn Ihr Hund plötzlich anfängt, sein Fell zu verlieren, kann es durchaus sein, daß er mit Räudemilben befallen ist. Bringen Sie ihn zum Tierarzt, bevor er vollkommen nackt ist.
Das Immunsystem eines gesunden Hundes wird mit der einen oder anderen Räudemilbe fertig, doch wenn der Hund sehr jung, alt oder krank ist, kann es zu einem erheblichen Befall kommen. Gehen Sie also kein Risiko ein. Wenn die ersten Haare ausfallen, wissen Sie, daß Ihr Hund überfordert ist und tierärztliche Hilfe braucht.

keine Besserung eingetreten ist oder der Zustand sich verschlimmert, sollten Sie den Welpen zum Tierarzt bringen.

Erste Amtshandlung: Baden. Die Räudemilben verursachen einen schier unerträglichen Juckreiz. Der Tierarzt wird ihnen ein Mittel geben, das Sie dem Badewasser zusetzen können, um die Milben zu töten und den Juckreiz zu lindern.

Auch die anderen Hunde behandeln. Besitzen Sie mehrere Hunde, aber nur einer hat Räude? Behandeln Sie die anderen vorsichtshalber mit, denn Sie können nicht sicher sein, ob auf ihnen nicht auch schon Milben sitzen.

Spielgefährten sorgfältig auswählen. Hunde können sich bei erkrankten Tieren anstecken. Wenn Ihnen also unterwegs ein Hund begegnet, der Haarausfall hat und sich auffallend viel kratzt, lassen Sie Ihren Hund nicht mit ihm in Berührung kommen.

Waschtag. Auch wenn die Milben außerhalb ihres Wirts nur kurze Zeit überleben können, sollten Sie die Kissen und Decken, auf denen Ihr Hund schläft, vorsorglich in die Waschmaschine stecken.

Fettsäuren zufüttern. Fettsäurehaltige Präparate fördern die Heilung der Haut. Fragen Sie Ihren Tierarzt, welches er empfiehlt.

Regelmäßige Fellpflege. Regelmäßiges Kämmen und Bürsten entfernt nicht nur Schuppen, sondern mit etwas Glück auch die ersten Milben.

Nur vom Besten füttern. Räude befällt in erster Linie unterernährte und geschwächte Hunde. Füttern Sie vorbeugend Hundefutter von guter Qualität, denn gesunde, kräftige Hunde sind kaum gefährdet.

Abstand wahren. Die Räudemilben des Hundes können in der menschlichen Haut nicht lange überleben. Trotzdem sollten Sie sich gründlich die Hände waschen, nachdem Sie Ihren kranken Hund angefaßt haben.

Die alten Hausmittel vergessen. Früher war es üblich, an Räude erkrankte Hunde mit Altöl zu übergießen. Tun Sie das auf keinen Fall – erstens ist es wirkungslos und zweitens bringt es Ihren Hund um.

Reisevorbereitungen

Dreizehn Tips für den Urlaub mit Ihrem Hund

Wenn Ihr Hund Ihren Urlaub planen dürfte, würde er sich nicht den Kopf über Mietwagen oder Hotelzimmer zerbrechen. Er bräuchte auch keine Straßenkarte. Wenn es nach ihm ginge, würden Sie gemeinsam durch den Park jagen oder im Bach herumplanschen, denn für ihn ist das aufregend genug. Das Problem ist nur, daß die meisten Menschen ihren Urlaub selbst planen wollen und daß ihre Art zu reisen für einen Hund meistens ziemlich belastend ist.
Trotzdem brauchen Sie Ihre Ferienpläne nicht aufzugeben. Wenn Sie die folgenden Ratschläge befolgen, sollte die Reise für Ihren Hund nicht allzu anstrengend werden.

Unternehmen Sie Vergnügungsfahrten. Wenn Ihr Hund bisher nur ins Auto gestiegen ist, um sich danach beim Tierarzt wiederzufinden, sollten Sie sich nicht wundern, wenn er nicht gern Auto fährt. Bevor Sie ihn im Wagen mit in den Urlaub nehmen, sollten Sie ein paar kürzere Fahrten mit ihm machen – zum Beispiel in den Park oder ein nahegelegenes Waldstück. Schon bald wird er das Autofahren mit spannenden Ausflügen verbinden und kann sich auch auf einer längeren Fahrt leichter entspannen.
Ergreifen Sie Vorsichtsmaßnahmen. Auch wenn Sie noch so vorsichtig sind, kann es passieren, daß Ihnen Ihr Hund unterwegs abhanden kommt. Bringen Sie deshalb den Adreßanhänger am Halsband auf den neuesten Stand.
Auf dem Anhänger sollte Ihr Name, Ihre Adresse und Ihre Telefonnummer stehen. Doch da Sie nicht zuhause sind (schließlich sind Sie im Urlaub), ist es auch eine gute Idee, einen zweiten Anhänger mit der Adresse des Hotels oder Campingplatzes anzubringen.
Den Impfpaß nicht vergessen. Nehmen Sie auf jeden Fall den Impfpaß Ihres Hundes mit, falls Sie beweisen müssen, daß er gegen Tollwut geimpft ist.
Sicher und bequem. Es gibt kaum etwas Gefährlicheres' als einen frei im Auto umherspringenden Hund. Außerdem fühlen sich viele Hunde sicherer, wenn sie ihre eigenen „vier Wände“ haben.
Sogar Hunde, die das Autofahren hassen, bleiben in einer Transportbox ruhig und warten ergeben das Ende der Fahrt ab.

Der Hund im Flugzeug

Auf Flugreisen gehen nicht nur Koffer verloren – es ist auch schon vorgekommen, daß Hunde woanders gelandet sind als ihre Besitzer.
Das kommt jedoch nur selten vor, und in der Regel ist eine Flugreise kein großer Streß für einen Hund. Um sicherzugehen, daß alles klappt, sollten Sie die folgenden Ratschläge befolgen.
Nehmen Sie ihn als Handgepäck. Die meisten Fluggesellschaften erlauben, kleine Hunde mit in die Kabine zu nehmen, vorausgesetzt, die Transportbox ist so klein, daß sie unter den Sitz paßt.
Rechtzeitig buchen. Manche Fluggesellschaften erlauben nur einen Hund pro Flugzeug, deshalb sollten Sie Ihren Flug rechtzeitig buchen.
Für Wasser sorgen. In vielen Transportboxen läßt sich ein Wassernapf befestigen. Um zu verhindern, daß das Wasser überschwappt, sollten Sie es im Napf einfrieren.
Einen Direktflug buchen. So verhindern Sie, daß Ihr Hund dem Streß des Umladens ausgesetzt wird. Wenn es zu Verzögerungen beim Abflug kommt, sollten Sie darum bitten, nach Ihrem Hund sehen zu dürfen.
Beruhigungsmittel. Die meisten Hunde verkraften das Fliegen recht gut, doch wenn Ihr Hund ununterbrochen bellt oder andere Streßsymptome zeigt, sollten Sie sich beim nächsten Mal vom Tierarzt ein Beruhigungsmittel geben lassen.

Um es dem Hund so angenehm wie möglich zu machen, legen Sie seine Lieblingsdecke in die Box und geben ihm auch etwas Spielzeug hinein. Außerdem müssen Sie beim Beladen des Autos darauf achten, daß genügend frische Luft in die Box gelangt.
Anschnallen nicht vergessen. Ob Ihr Hund in einer Tranportbox sitzt oder sich auf dem Sitz zusammenrollt – auf jeden Fall sollten Sie ihn anschnallen, sonst besteht die Gefahr, daß er beim scharfen Bremsen oder einem Unfall unkontrolliert durchs Auto geschleudert wird.
Im Fachhandel gibt es Hundegeschirre, die sich mit dem Sicherheitsgurt verbinden lassen. Sie eignen sich am besten für Hunde, die mehr als 25 Kilogramm wiegen. Kleinere Hunde sind in einer Tranportbox besser aufgehoben, die entweder ebenfalls angeschnallt oder am Wagenboden verankert wird.
Für Wasser sorgen. Hunden wird es im Auto schnell zu warm, deshalb brauchen sie auf Reisen unbedingt Wasser. Im Zoofachhandel gibt es Wassernäpfe für unterwegs, die nicht umkippen oder überschwappen.

Eine andere Möglichkeit ist es, eine Schale voll Wasser vor Antritt der Fahrt einzufrieren und den Hund am Eis lecken zu lassen, wenn er Durst hat. Sie können aber auch alle ein bis zwei Stunden anhalten und ihm etwas Wasser anbieten.

Futter mitnehmen. Nicht alle Hunde vertragen eine plötzliche Futterumstellung. Aus diesem Grund sollten Sie genug von dem mitnehmen, was Ihr Hund gewohnt ist.

Häufig Pausen einlegen. Wenn Sie mit dem Auto verreisen, sollten Sie alle ein bis zwei Stunden eine Pause einlegen, damit Ihr Hund sich erleichtern und ein wenig die Beine vertreten kann.

Vorsichtsmaßnahmen. Wenn Sie auf einem Rastplatz Halt machen, lassen Sie Ihren Hund niemals frei laufen. Sicherheitshalber sollten Sie die Leine schon einhaken, bevor Sie aussteigen.

Den Magen beruhigen. Genau wie Kinder leiden auch junge Hunde oft unter Reisekrankheit, die aber auch bei ausgewachsenen Hunden vorkommt. Füttern Sie Ihren Hund sechs bis acht Stunden vor Antritt der Fahrt zum letzten Mal, dann wird sein Magen nicht belastet. Wasser sollte ihm aber immer zur Verfügung stehen.

Ein Fensterplatz. Hunde, die während der Fahrt aus dem Fenster sehen können, werden weniger leicht autokrank. Es hilft auch, wenn Sie ein Fenster öffnen und damit für frische Luft sorgen.

Medikamentelle Hilfe. Dasselbe Mittel, das beim Menschen gegen Reisekrankheit hilft, wirkt auch bei Hunden. Dimenhydrinat (Dramamin) wird von den meisten gesunden Hunden problemlos vertragen, nur bei Hunden mit Glaukomen oder Blasenproblemen sollten Sie zunächst beim Tierarzt nachfragen.

Mittlere bis große Hunde bekommen 25 bis 50 Milligramm Dramamin spätestens eine Stunde vor Fahrtbeginn. (Dramamin sollte immer vor Antritt der Fahrt gegeben werden, weil es dafür konzipiert ist, die Reisekrankheit zu verhüten, nicht, sie zu beenden, wenn sie schon aufgetreten ist.) Kleine Hunde bekommen 12,5 Milligramm. Dramamin ist in Tabletten zu 50 Milligramm erhältlich, die sich leicht halbieren und vierteln lassen.

Den Parkplatz mit Bedacht wählen. Selbst an kühlen Tagen kann es im geparkten Auto unangenehm warm werden. Gehen Sie kein Risiko ein. Wenn Sie eine Mittagspause einlegen wollen, fahren Sie lieber in ein Drive-In-Restaurant, als den Hund allein im Auto zu lassen.

Wenn Sie ihn doch einmal zurücklassen müssen – zum Beispiel, weil Sie schnell etwas einkaufen wollen –, parken Sie im Schatten. Am günstigsten ist es, wenn eine leichte Brise durch die geöffneten Wagenfenster weht. Lassen Sie Ihren Hund aber nach Möglichkeit nicht länger als ein paar Minuten allein im Auto.

Rücken- und Wirbelsäulenprobleme

Fünf Maßnahmen, die Rückenschmerzen zu lindern

In der Regel sitzen Hunde nicht auf Bürostühlen und heben auch keine schweren Einkäufe vom Rücksitz des Wagens; deshalb leiden sie auch viel seltener unter Rückenschmerzen als wir Menschen. Doch auch der beweglichste Hund kann unter Muskelverspannungen oder einem Bandscheibenvorfall leiden.
Anzeichen für Rückenbeschwerden sind Schmerzäußerungen beim Streicheln, Probleme beim Bewältigen von Stufen oder beim Aufstehen. Verletzungen der Wirbelsäule äußern sich durch extreme Schmerzen, Muskelschwächen und Lähmungserscheinungen.
Besonders gefährdet sind lange, kurzbeinige Rassen wie Dackel, aber auch größere wie Dogge, Dobermannn und Deutscher Schäferhund. Außerdem neigen übergewichtige Hunde eher zu Rückenproblemen als schlankere Tiere.
Bei leichteren Rückenproblemen können Sie, nach Absprache mit dem Tierarzt, folgendermaßen vorgehen:

Wärmen. Bei Rückenschmerzen durch verspannte Muskeln kann eine warme Kompresse Wunder wirken. Sie regt die Durchblutung an und wirkt entkrampfend.
Setzen Sie sich neben Ihren Hund oder nehmen Sie ihn auf den Schoß, legen Sie die Kompresse auf die schmerzende Stelle und halten Sie sie dort fest – wenn möglich dreimal täglich etwa 15 Minuten lang. Wenn Sie Ihrem Hund gleichzeitig den Kopf kraulen, wird er vielleicht sogar so lange stillhalten.
Für Ruhe sorgen. Wenn Ihrem Hund das Herumlaufen sichtliche Schmerzen bereitet, sollten Sie ihn möglichst ruhig halten. Wahrscheinlich wird er Ihnen nicht einmal böse sein, wenn Sie ihn in einen Transportkorb oder Zwinger sperren, bis es ihm wieder besser geht. Auf jeden Fall sollten Sie ihn an der Leine behalten, wenn Sie das Haus verlassen. Besonders wichtig ist diese Periode der Ruhe, wenn Ihr Hund Steroide oder andere Medikamente bekommt, die die Schmerzen lindern. In diesem Fall wird jeder Hund dazu neigen, sich zuviel zu bewegen, weil er davon ausgeht, daß ihm nichts fehlt.

Der Nerven-Test

Genau wie beim Menschen sind auch beim Hund Rückenschmerzen nicht in jedem Fall gefährlich. Hunde leiden ebenso unter verspannten Muskeln wie wir.

Doch wie unterscheidet man zwischen einer harmlosen Verspannung und einem gefährlichen Wirbelsäulenschaden?

Eine Möglichkeit ist der Nerven-Test. Drehen Sie eine Hinterpfote des stehenden Hundes so um, daß sie den Boden mit der Oberseite berührt. Der Hund sollte diese Haltung in weniger als zwei Sekunden von selbst korrigieren

Tut er es nicht, hat er möglicherweise eine Rückgratverletzung, die Druck auf das Rückenmark ausübt. In diesem Fall müssen Sie ihn sofort zum Tierarzt bringen.

Doch auch, wenn Ihr Hund den Nerven-Test besteht, sollten Sie mit ihm zum Tierarzt gehen, wenn seine Rückenschmerzen am nächsten Tag noch da sind. Nervenschäden machen sich manchmal nicht sofort bemerkbar, und wenn der Hund nicht schnell behandelt wird, können sich bleibende Schäden einstellen.

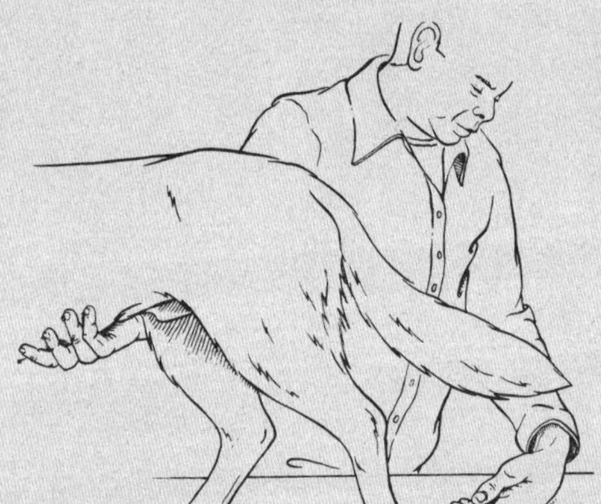

Stützen Sie den Hund mit einer Hand und klappen Sie mit der anderen einen Hinterfuß so um, daß die Oberseite der Pfote den Boden berührt.

Wenn Sie die Pfote loslassen, sollte der Hund seine Fußhaltung sofort korrigieren. Tut er es nicht, hat er eventuell einen Nervenschaden und muß sofort zum Tierarzt.

Langsam wieder anfangen. Feiern Sie den Tag der Genesung auf keinen Fall mit einer kilometerlangen Radtour. Beginnen Sie mit kurzen Spaziergängen an der Leine und steigern Sie die Strecke von Woche zu Woche.

Schmerzmittel. Bei leichten Rückenschmerzen wird Ihr Tierarzt möglicherweise ein Schmerzmittel verschreiben, das Sie Ihrem Hund täglich eingeben müssen.

Wählen Sie nicht eigenmächtig ein Schmerzmittel aus Ihrer Hausapotheke, denn manche Präparate können Ihrem Hund schaden.

Gewichtskontrolle. Übergewichtige Hunde können leichter Rückenprobleme bekommen als schlanke.

Um festzustellen, ob Ihr Hund zu dick ist, streichen Sie ihm mit leichtem Druck über die Rippen. Wenn sie nicht zu spüren sind, sollten Sie sich vom Tierarzt einen Diätplan aufstellen lassen.

Schlafstörungen

Neun Wege, für eine ungestörte Nachtruhe zu sorgen

Wird Ihr Hund erst richtig munter, wenn Sie schlafengehen? Normalerweise sind Schlafstörungen bei Hunden selten, denn sie verbringen mindestens die Hälfte des Tages schlafend oder dösend. Wenn ihre wache Tageshälfte jedoch in die Nachtzeit fällt, kann das für die Besitzer ziemlich entnervend sein. Die folgenden Tips können helfen, nachtaktive Hunde zur Ruhe zu bringen.

Gemütliche Schlafplätze anbieten. Wie würde es Ihnen gefallen, die Nächte auf dem Fußboden zu verbringen? Wenn Sie schon einmal zelten waren und wissen, wie unbequem es sein kann, auf dem Boden zu schlafen, sollten Sie Verständnis für Ihren Hund haben.
Spendieren Sie Ihrem Hund einen gemütlichen Korb zum Schlafen. In Zoogeschäften gibt es eine große Auswahl an Hundebetten, doch Sie können auch eine Decke oder ein altes Kissen nehmen.
Hund in Nöten. Sehr junge und alte Hunde haben oft Mühe, die ganze Nacht „dichtzuhalten“. Gehen Sie kurz vor dem Schlafengehen noch einmal mit Ihrem Hund hinaus, damit die Nacht für ihn nicht länger ist als unbedingt nötig.
Für Bettschwere sorgen. Hunde, die nachts überaktiv sind, brauchen vielleicht am Tage mehr Bewegung. Spielen Sie Ball mit Ihrem Hund

Wann muß der Hund zum Tierarzt?

Eine leichte Schlafstörung ist kein Grund zur Besorgnis, doch bei Hunden kommen auch ernste Schlafprobleme vor, die vom Tierarzt behandelt werden müssen. Bei übergewichtigen Hunden kann es zum Beispiel zur Schlaf-Apnoe kommen, bei der die Atmung im Schlaf wiederholt zum Stillstand kommt. Dieses Problem wird mit Medikamenten behandelt, die die Atmung unterstützen, außerdem muß der Hund unbedingt abnehmen. Eine andere Schlafstörung ist die Narkolepsie, bei der die Tiere in den unpassendsten Augenblicken anfallartig einschlafen – zum Beispiel beim Fressen. Die Narkolepsie ist unheilbar, doch die Symptome können mit Medikamenten unter Kontrolle gehalten werden.

Gefährliche Träume

Es ist ganz normal, wenn ein Hund im Schlaf die Pfoten bewegt. Wahrscheinlich träumt er von der Jagd. In manchen Fällen bewegen sich Hunde im Schlaf jedoch so heftig, daß sie sich dabei meterweit über den Boden schleudern. Tierärzte bezeichnen dieses Problem als REM-Phase ohne Dystonie, also eine Periode leichteren Schlafs, bei der die innere Spannung der Muskeln (der Muskeltonus) ungewöhnlich hoch ist. In der Regel kommt es bei diesen heftigen Bewegungen nicht zu Verletzungen, doch wenn Ihr Hund dazu neigt, sollten Sie darauf achten, daß er nicht an Orten einschläft, an denen er in Gefahr geraten könnte.

oder lassen Sie ihn am Fahrrad mitlaufen – mit etwas Glück ist er danach so müde, daß er gleich einschläft.

Sanfte Massagen. Ältere Hunde können unter Gelenkschmerzen leiden, die ihnen den Schlaf rauben. Sanftes Massieren trägt zur Entspannung bei und fördert die Durchblutung der erkrankten Körperteile.

Ein eigenes Zimmer. Ihr Hund ist jede Nacht munter, tapst durchs Haus und raubt Ihnen die Nachtruhe? Geben Sie ihm ein eigenes Zimmer – ausgestattet mit vielen Spielsachen. Diese einfache Lösung läßt Sie ruhig schlafen und stellt auch Ihren Nachtschwärmer zufrieden.

Pusten Sie ihn weg. Viele Hunde sind Frühaufsteher, die der Meinung sind, daß es sofort Frühstück geben müßte, sobald sie die Augen aufgeschlagen haben. Wenn Ihr Hund zu denen gehört, die erst zufrieden sind, wenn Herrchen oder Frauchen ebenfalls wach sind, bewaffnen Sie sich am Abend vorher mit einem elektrischen Fön. Wenn sich Ihr Hund dann auf Sie stürzt, pusten Sie ihn mit dem Fön an. Danach wird er es sich überlegen, Sie noch einmal in aller Frühe zu wecken.

Die Versorgung teilen. Viele Hunde sind beunruhigt und können nicht schlafen, wenn neue Bekanntschaften ihrer Besitzer die ersten Male über Nacht bleiben. Um Ihrem Hund wieder zu einer ungestörten Nachtruhe zu verhelfen, sollten Sie den Partner bitten, beim Füttern und Ausführen des Hundes zu helfen. Wenn er den neuen Lebensgefährten seines Besitzers besser kennt, wird er wieder schlafen können.

Bringen Sie Licht ins Dunkel. Manche Hunde können nicht einschlafen, weil sie Angst vor der Dunkelheit haben, zum Beispiel, weil ihr Augenlicht allmählich nachläßt. Lassen Sie ein Nachtlicht brennen, damit Ihr Hund seine Umgebung besser sehen kann.

Versuchen Sie es mit Musik. Lassen Sie das Radio leise spielen oder legen Sie eine Kassette mit entspannender Musik ein.

Schuppen

Sieben Wege, das Fell schuppenfrei zu machen

Ihnen war klar, daß Ihr Hund haaren, den Fußboden zerkratzen und die Begonien ausgraben würde, doch das Letzte, was Sie erwartet hätten, war, daß ihm ständig ganze Schneeschauer aus dem Fell rieseln würden. Seine Schuppen sind überall – auf dem Boden, dem Sofa und womöglich auch in Ihrem Bett.
Bei den meisten Hunden sind die Schuppen im Fell gut zu sehen. Manchmal ist die schuppende Haut ein Anzeichen für eine Infektion, eine Allergie oder Parasiten, doch normalerweise entstehen sie, wenn die Hautzellen sich zu schnell vermehren.
Die folgenden Tips können dazu beitragen, das Schneegestöber unter Kontrolle zu bekommen.

Erste Amtshandlung: Baden. Baden Sie Ihren Hund regelmäßig, denn dadurch werden die Schuppen weggespült, bevor sie sich in Massen im Fell ansammeln. Wenn Sie Ihren Hund im Winter einmal monatlich und im Sommer zweimal im Monat baden, ist das Problem vielleicht schon gelöst.
Verwenden Sie warmes, aber kein heißes Wasser. Massieren Sie ein mildes Shampoo, wie etwa Babyshampoo, gut ein. Spülen Sie es gut wieder aus und reiben Sie Ihren Hund gründlich trocken.
Eine stärkere Wirkung erzielen. Wenn Sie das Gefühl haben, daß das Babyshampoo nicht hilft, versuchen Sie es mit einem speziellen Schuppenshampoo für Hunde. Lassen Sie den Schaum etwa fünf Minuten einwirken, bevor Sie ihn wieder ausspülen.
Schuppenshampoos bekommen Sie im Zoofachhandel. Benutzen Sie kein Shampoo für Menschen, denn es kann die Haut Ihres Hundes schädigen.
Damit die Schuppenbildung nicht noch schlimmer wird, sollten Sie kein Shampoo verwenden, das gleichzeitig gegen Ungeziefer wirkt, weil diese Flohshampoos die Haut stark austrocknen.
Spülungen. Nach dem Bad sollten Sie Haut und Haar Ihres Hundes mit einer Spülung pflegen. Im Fachhandel gibt es verschiedene Produkte, die zum Beispiel Mandel- oder Nerzöl enthalten.

Wann muß der Hund zum Tierarzt?

Sie haben alle möglichen Shampoos ausprobiert, bürsten Ihren Hund regelmäßig und haben auch seine Ernährung umgestellt, doch aus seinem Fell rieselt es immer noch? Bringen Sie Ihren Hund zum Tierarzt. Normalerweise sind Schuppen harmlos, doch sie können auch auf ein ernstes Problem wie eine Allergie, Parasitenbefall oder eine Infektion der Haut hinweisen. Zu den Warnsignalen gehören neben den Schuppen auch Verkrustungen und Juckreiz.

Hautprobleme können aber auch ein Anzeichen einer inneren Erkrankung sein. Wenn die Schuppenbildung nach einem Monat immer noch unverändert ist, sollten Sie Ihren Hund zum Tierarzt bringen, und natürlich auch, wenn die Symptome plötzlich schlimmer werden.

Feuchtigkeitspflege. Um die Haut des Hundes geschmeidig zu erhalten, können Sie Ihre eigene Handcreme verwenden. Tragen Sie sie aber nicht nur auf die Haare auf, sondern massieren Sie sie richtig ein.

Regelmäßig bürsten. Es verteilt die natürlichen Fette gleichmäßig über die trockene Haut, wodurch sich die Schuppenbildung verringert. Benutzen Sie keine zu harte Bürste. Probieren Sie sie am eigenen Handrücken aus. Wenn Sie sie auch für Ihren eigenen Kopf nehmen könnten, wird sie auch für Ihren Hund nicht zu hart sein.

Für zusätzliches Öl sorgen. Zur Schuppenbildung kommt es, wenn Hunde zu fettarm ernährt werden.

Fischölpräparate fördern den Fettstoffwechsel der Haut. Geben Sie Ihrem Hund täglich einen halben bis einen Teelöffel Fischöl über das Futter. Alternativ können Sie auch Pflanzenöl verwenden.

Vom Besten füttern. Billiges No Name-Hundefutter enthält oft nicht alle Vitamine und Minerale, die der Hund braucht. Manchmal läßt schon der Wechsel zu einem Qualitätsfutter die Schuppen verschwinden.

Schwanz-Probleme

Sechs Tips zu ihrer Behandlung

Der Schwanz eines Hundes spricht für sich – ob er nun freundlich wedelt oder zwischen die Hinterbeine geklemmt wird.
Doch auch dieser ausdrucksvolle Teil der Hundeanatomie ist vor Verletzungen nicht gefeit. Die Haut kann sich entzünden, und selbst Knochenbrüche kommen vor.
Bei Schwanz-Problemen empfehlen Tierärzte folgende Erste Hilfe-Maßnahmen:

Die Flöhe bekämpfen. Flöhe sind die Hauptursache dafür, daß Hunde ihren Schwanz übermäßig belecken und beknabbern.
Wenn der Hund seine Flöhe los ist, wird er vermutlich auch aufhören, auf seinem Schwanz herumzubeißen.
Drüsenprobleme. Hunde haben kleine, runde Drüsen am Schwanzansatz, die manchmal große Mengen Sekret absondern. Es macht die Haut fettig und kann auch Wunden und Entzündungen hervorrufen. Da dieses Problem hauptsächlich bei Rüden auftritt, sprechen Tierärzte vom Zuchtschwanz. Stäuben Sie den Schwanzansatz leicht mit Maisstärke oder feinem Maismehl ein.
Nach dem Einpudern warten Sie fünf Minuten und bürsten dann das Mehl wieder aus. Wiederholen Sie die Behandlung ein- bis zweimal die Woche, bis der häßliche Fleck verschwunden ist.

Wann muß der Hund zum Tierarzt?

Ebenso wie manche Menschen in ein zwanghaftes Verhalten verfallen und sich beispielsweise fünfzigmal am Tag die Hände waschen, gibt es auch Hunde, die nicht von ihrem Schwanz lassen können.
Die Attacken können mehrmals am Tag auftreten und jeweils ein paar Minuten dauern, sie können sich aber auch über mehrere Stunden erstrecken. In seltenen Fällen gehen Hunde dabei so rabiat mit ihrem Schwanz um, daß es zu ernsten Verletzungen kommt.
Wenn Ihr Hund also ständig hinter dem eigenen Schwanz herjagt – und ihn auch fängt –, sollten Sie mit ihm zum Tierarzt gehen. Er wird versuchen, die Ursache zu ergründen und vielleicht auch ein Beruhigungsmittel verschreiben.

Knochenbrüche

Der Schwanz eines Hundes spricht seine eigene Sprache. Locker herunterhängend drückt er Gelassenheit aus, kräftiges Wedeln ist ein Zeichen der Freude, und wenn er zwischen den Hinterbeinen verschwindet, ist dem Hund die Situation nicht geheuer. Doch manchmal gerät dieses beredte Anhängsel in Schwierigkeiten – unter die Räder eines Autos oder die Kufen eines Schaukelstuhls.
Der Schwanz ist die Verlängerung der Wirbelsäule, und ein gebrochener Schwanz ist eine schwere Verletzung. Ein Knochenbruch ist daran zu erkennen, daß der Schwanz an der Bruchstelle schlapp herunterhängt. Außerdem können dort Wunden oder Schwellungen zu sehen sein.
Wenn Sie vermuten, daß Ihr Hund sich den Schwanz gebrochen hat, bringen Sie ihn sofort zum Tierarzt. Manchmal ist der Schwanz zu retten, vor allem, wenn er in der Nähe der Spitze gebrochen ist. Es ist aber auch möglich, daß das gebrochene Stück amputiert werden muß. Die meisten Hunde gewöhnen sich recht schnell an ein Leben ohne oder mit nur einem halben Schwanz.

Für Sauberkeit sorgen. Hat Ihr Hund seinen Schwanz in etwas gelegt, das ihn nicht gerade ansehnlicher macht? Einen kleinen Hund können Sie so neben das Waschbecken setzen, daß der Schwanz ins Becken hängt. Einen größeren Hund setzen Sie am besten in die Badewanne.
Für Ablenkung sorgen. Es kommt häufig vor, daß Hunde plötzlich von ihrem eigenen Schwanz fasziniert sind und in dem Bemühen, dieses interessante Ding zu fangen, herumwirbeln wie Derwische. Leider behandeln viele von ihnen den eigenen Schwanz dann auch wie ein erbeutetes Tier. Wenn Sie sehen, daß Ihr Hund seinen Schwanz zu grob attackiert, lenken Sie ihn mit einem lauten Geräusch davon ab. Sie können zum Beispiel mit einer Zeitung auf den Boden schlagen oder eine Blechdose schütteln, in der ein paar Münzen liegen. Eine andere Möglichkeit ist ein gutgezielter Schuß aus einer Blumenspritze.
Für Unterhaltung sorgen. Viele Hunde jagen ihrem eigenen Schwanz hinterher, weil sie sich langweilen. Geben Sie ihm Spielzeug – am besten solches, das ihn in Bewegung hält wie Bälle oder Frisbeescheiben.
Ordnung halten. Ein großer Hund kann Ihren Kaffeetisch mit einem Wedeln abräumen – und sich auch verletzen, wenn sein Schwanz zum Beispiel einen Ventilator trifft. Gegen das Schwanzwedeln können Sie nichts tun, aber Sie sollten besonders gefährliche (oder empfindliche) Gegenstände aus seiner Reichweite entfernen.

Sonnenbrand

Elf Methoden, das Feuer zu löschen

Hunde lieben die Sonne. Am liebsten genießen sie ihre wärmenden Strahlen im Schlaf.
Manchmal übertreiben sie es jedoch, und das Ergebnis ist ein Sonnenbrand – auf den Ohrspitzen, dem Nasenrücken und vielleicht auch am Bauch, wo das Fell am dünnsten ist.
Sonnenbrand ist ziemlich schmerzhaft und begünstigt das Auftreten von Hautkrebs – auch bei Tieren.
Besonders gefährdet sind weiße Hunde, aber auch solche mit dünnem Fell und heller Haut.
Tierärzte empfehlen folgende Maßnahmen, um die Schmerzen eines Sonnenbrandes zu lindern und sein erneutes Auftreten zu verhindern:

Kühlen. Um die Schmerzen zu lindern, besprühen Sie die verbrannten Stellen jede halbe Stunde mit kaltem Wasser aus einer Blumenspritze.
Kühlende Umschläge. Auch kalte Kompressen sind eine Wohltat auf sonnenverbrannter Haut. Tauchen Sie einen Waschlappen in kaltes Wasser, drücken Sie ihn aus und legen Sie ihn auf die verbrannten Stellen. Wenn er nach ein paar Minuten warm geworden ist, wird er wieder ins Wasser getaucht und erneut aufgelegt.
Zauberei. Eine hervorragende Kühlwirkung erreichen Sie mit Zaubernuß, weil sie auf der Haut sehr schnell verdunstet. Benetzen Sie einen Wattebausch mit Zaubernuß-Extrakt und betupfen Sie die verbrannten Partien drei- bis viermal am Tag damit.
Lindernde Lotionen. Wenn Sie Cremes oder Lotionen zur Linderung verwenden wollen, fragen Sie zunächst Ihren Tierarzt um Rat, denn die Produkte, die Sie für sich selbst nehmen, könnten Ihrem Hund schaden.
Die Feuchtigkeit ersetzen. Sonnenverbrannte Haut ist trockene Haut. Um ihr die ursprüngliche Feuchtigkeit zurückzugeben, tragen Sie zwei- oder dreimal täglich eine dünne Schicht Jojoba- oder Kokosöl oder Vaseline auf.
Aloe Vera. Sie können auch Aloe Vera benutzen, um der verbrannten Haut Feuchtigkeit zuzuführen.
Wenn Sie eine Pflanze besitzen, brauchen Sie nur ein Blatt abzubrechen und es leicht zu drücken. Sie können aber auch Aloe Vera-Gel in der Apotheke kaufen.

Wann muß der Hund zum Tierarzt?

Ein leichter Sonnenbrand ist eigentlich nur lästig. In schweren Fällen aber wirft die Haut Blasen, die schließlich aufbrechen und sich entzünden. In diesem Fall muß der Hund unbedingt zum Tierarzt.
Gefährlich ist aber nicht nur der Sonnenbrand an sich. Wenn er öfter auftritt, erhöht er das Risiko einer Hautkrebserkrankung. Das gilt vor allem für weiße Hunde, bei denen sich Plattenepithelkarzinome an den Ohrspitzen bilden können. Gehen Sie also kein Risiko ein und bringen Sie Ihren Hund zum Tierarzt, wenn der Sonnenbrand über eine leichte Rötung hinausgeht.

Sonnenschutzcreme. Um Ihren Hund in Zukunft vor Sonnenbrand zu schützen, können Sie die gefährdeten Hautpartien mit einem Sonnenschutzmittel einreiben. Nehmen Sie aber nicht irgendeines, denn Ihr Hund könnte sich daran vergiften, wenn er es ableckt. Lassen Sie sich vom Tierarzt ein Mittel empfehlen, das Ihrem Hund nicht schadet.
Ein T-Shirt anziehen. Liegt Ihr Hund gern auf dem Rücken und läßt sich die Sonne auf den Bauch scheinen? Hat er dadurch einen Sonnenbrand davongetragen? Wenn Sie ihm das Sonnenbad gönnen wollen, ziehen Sie ihm beim nächstenmal ein Kinder-T-Shirt über.
Vorhänge zuziehen. Wenn Ihr Hund auch im Haus keine Gelegenheit ausläßt, sich in die Sonne zu setzen, müssen Sie Vorhänge oder Jalousien zuziehen. Das gilt besonders, wenn Ihr Hund stundenlang vor der Terrassentür in der Sonne liegt.
Der beste Schutz. Die beste Methode, Hunde vor der Sonne zu schützen, ist, sie zwischen 9 und 15 Uhr im Haus zu halten.
Für Schatten sorgen. Wenn Sie Ihren Hund in den Garten lassen, muß sichergestellt sein, daß er dort ein schattiges Plätzchen aufsuchen kann. Sehr empfindliche Hunde müssen Sie eventuell sogar im Schatten einsperren, bis die größte Hitze vorüber ist.

Speicheln

Sechs Methoden, die feuchte Flut zu stoppen

Die Pawlowschen Hunde sind nichts im Vergleich zu Ihrem Vierbeiner? Wenn der russische Forscher, der festgestellt hat, daß man Hunde darauf konditionieren kann, beim Ton einer Glocke zu speicheln, Ihren Hund gekannt hätte, hätte er ihn sicher für seine Versuche haben wollen.
Manche Rassen wie etwa Bassets und Bernhardiner speicheln besonders viel, doch das übermäßige Speicheln kann bei allen Hunde hin und wieder vorkommen. Bei manchen ist es so schlimm, daß sie pro Stunde eine Tasse voll Speichel produzieren, sobald sie sich aufregen. Eine andere Ursache für das „Sabberproblem" ist Übelkeit. Die folgenden Tips können dazu beitragen, die Flut einzudämmen.

Ins Maul schauen. Plötzliches starkes Speicheln kann durch einen Fremdkörper im Maul ausgelöst werden. Das können zum Beispiel Plastik- oder Holzstücke sein. Wenn Sie den Fremdkörper nicht selbst entfernen können, bringen Sie den Hund zum Tierarzt.
Keine Speisereste verfüttern. Gerichte, die Ihnen schmecken und auch gut bekommen, können bei Hunden zu Verdauungsbeschwerden führen. Ein erstes Anzeichen dafür kann verstärktes Speicheln sein.

Wann muß der Hund zum Tierarzt?

Bisher hat Ihr Hund immer ein trockenes Maul gehabt, doch auf einmal speichelt er so stark, daß sich Pfützen bilden?
Es gibt so viele mögliche Ursachen dafür, von einem abgebrochenen Zahn bis hin zu einer Vergiftung, daß Sie sofort Ihren Tierarzt anrufen sollten. Fast immer sind Zahnprobleme der Grund für die Flutwelle. Dazu gehören Zahnfleischentzündungen, lockere Zähne und alle anderen schmerzhaften Beschwerden im Maul. Gefährlicher sind Vergiftungen – zum Beispiel durch Haushaltschemikalien, zu deren Symptomen auch starkes Speicheln gehören kann. Andere Möglichkeiten sind Infektionskrankheiten wie Tollwut. Wenn Ihr Hund also plötzlich anfängt zu speicheln, rufen Sie sofort Ihren Tierarzt an.

Ein Halstuch hält Ihren Hund und seine unmittelbare Umgebung zumindest etwas trockener.

Um sicherzugehen, streichen Sie die Essensreste vom Speiseplan Ihres Hundes.

Aufregungen vermeiden. Manche Hunde fangen beim Auto- oder Bootfahren an zu speicheln. Das läßt sich vermeiden, wenn der Hund einige Stunden vor Antritt der Fahrt nichts mehr zu fressen bekommt. (Wasser darf er haben.) Wenn Sie dann unterwegs sind, öffnen Sie ein Fenster im Auto oder lassen Sie den Hund auf dem Beifahrersitz mitfahren. Auch häufige Pausen helfen, seinen Magen zu beruhigen.

Schadensbegrenzung. Wenn Ihr Hund gewohnheitsmäßig so stark speichelt, daß das Fell auf seiner Brust ständig naß ist, binden Sie ihm ein Halstuch als „Sabberlätzchen" um. Falten Sie das Tuch zum Dreieck und legen Sie es so um den Hals, daß das Dreieck die Brust bedeckt. Diese Trick wird auch von Hundezüchtern verwendet, die ihre Tiere auf Ausstellungen zeigen.

Ein Handtuch griffbereit haben. Selbst Hunde, die normalerweise nur wenig speicheln, können ganze Fluten hervorbringen, wenn sie ausgelassen herumtollen. Um Ihren Hund (und die, mit denen er in Kontakt kommt) halbwegs trocken zu halten, wischen Sie sein Maul mit einem Papiertuch oder einem alten Handtuch ab.

Wenn Ihr Hund im Eifer des Spiels einen anderen Hund naßgespeichelt hat, verlangt es die Etikette, daß Sie auch den Spielpartner abtrocknen. Die anderen Hundehalter werden es Ihnen danken, wenn Sie bei Ihren Spaziergängen stets ein Handtuch griffbereit haben.

Platzdeckchen auslegen. In Erwartung einer leckeren Mahlzeit fängt selbst der trockenste Hund an, zu speicheln wie der Vierbeiner aus dem Film „Scott und Huutsch". Um die Küche trocken zu halten, sollten Sie vor jeder Fütterung eine speichelfeste Unterlage unter den Napf legen.

Taubheit

Elf Tips, die das Zusammenleben erleichtern

Ihr Hund hebt nicht einmal den Kopf, wenn es an der Tür klingelt, und er kommt auch nicht, wenn Sie ihn rufen? Hat der Tierarzt Ihre Sorge bestätigt, daß er weder dickfellig noch krank, sondern taub ist?
Manche Hunde werden taub geboren. Andere verlieren ihr Hörvermögen mit dem Alter oder als Folge von Verletzungen oder chronischen Entzündungen der Ohren. Doch glücklicherweise können taube Hunde mit etwas Hilfe ein fast normales Leben führen.
Tierärzte geben folgende Ratschläge für den Umgang mit einem tauben oder schwerhörigen Hund:

Sorgen Sie für Schutz. Lassen Sie einen tauben Hund nie allein draußen herumstreifen. Er kann herannahende Autos nicht hören. Wenn Sie mit Ihrem Hund hinausgehen, behalten Sie ihn stets an der Leine.
Üben Sie Geduld. Das Leben mit einem tauben Hund kann eine Herausforderung sein. Er ist schwerer zu erziehen und spielt vielleicht auch nicht so viel, wie ein gesunder Hund es tun würde. Werden Sie nicht ungeduldig, wenn er etwas nicht versteht, sondern helfen Sie ihm dabei.
Versuchen Sie es mit Zeichensprache. Ihr Hund kann Ihre Rufe zwar nicht hören, aber er kann Sie sehen. Warum also nicht versuchen, ihm einige einfache Handzeichen beizubringen?
Eines der wichtigsten ist „Komm her“. Gehen Sie in die Hocke und winken Sie ihn zu sich heran. Sie können ihn anfangs auch mit einem Leckerbissen anlocken und müssen jede richtige Reaktion natürlich ausgiebig belohnen. Verlieren Sie nicht die Geduld. Manche Hunde lernen es schon am ersten Tag, andere brauchen Wochen oder sogar Monate.
Nutzen Sie den Geruchssinn. Hunde haben ausgezeichnete Nasen. Um einen tauben Hund anzulocken, können Sie „Duftwellen“ aussenden – schwenken Sie den Napf mit Fisch oder Leber ein paarmal hin und her. Wenn der Hund den Duft wahrnimmt, wird er blitzschnell zur Stelle sein.
Leichte Berührungen. Wenn Sie die Aufmerksamkeit Ihres Hundes erregen wollen, während er schläft, nähern Sie sich ihm von vorn und

Wann muß der Hund zum Tierarzt?

Ohrenentzündungen kommen relativ häufig vor und sind einfach zu behandeln. Wenn man sie aber unbehandelt läßt, können Mittelohr und Trommelfell Schaden nehmen, und es kommt zur Taubheit.
Wenn aus den Ohren Ihres Hundes ein übler Geruch aufsteigt oder er sich pausenlos an den Ohren kratzt, sollten Sie ihn zum Tierarzt bringen. Er wird möglicherweise anordnen, daß Sie die Ohren regelmäßig selbst reinigen, denn nur so können Sie das Hörvermögen auf Dauer erhalten.

berühren Sie ihn leicht. Ein tauber Hund hört nicht, wenn sich ihm jemand nähert. Vermeiden Sie, ihn ohne entsprechende Vorwarnung aus dem Schlaf zu schrecken.

Hört er Glockengeläut oder Pfiffe? Wenn Ihr Hund nur schwerhörig ist und Ihre Stimme nicht mehr hören kann, gelingt es ihm vielleicht, Geräusche wahrzunehmen, die sich deutlich von denen des Hintergrundes abheben. Versuchen Sie, mit einer Glocke oder einer Trillerpfeife seine Aufmerksamkeit zu erregen.

Dabei ist es wichtig, zunächst relativ leise anzufangen, damit er nicht durch das unerwartete Geräusch erschreckt wird. Wenn er nicht reagiert, steigern Sie die Lautstärke.

In die Hände klatschen. Viele schwerhörige Hunde können es hören, wenn Sie in die Hände klatschen. Fangen Sie leise an, um Ihren Hund nicht zu erschrecken. Wenn er nicht reagiert, werden Sie lauter. Reagiert er dann immer noch nicht, brauchen Sie keinen frenetischen Beifall von sich zu geben. Sie werden recht schnell merken, ob er es hört oder nicht.

Schwingungen. Wenn ihr Hund am anderen Ende des Raums ist und Sie sich bemerkbar machen wollen, stampfen Sie mit dem Fuß auf. Die Schwingungen des Fußbodens werden ihn veranlassen, in Ihre Richtung zu sehen.

Locken mit Licht. Im Dunklen kann das Aufblitzen einer Taschenlampe die Aufmerksamkeit ihres Hundes erregen. Wenn er Sie daraufhin ansieht, geben Sie ihm die bekannten Handzeichen. Loben Sie ihn ausgiebig, wenn er verstanden hat. Vielleicht wird er irgendwann sogar lernen, daß es Zeit zum Essen ist, wenn Sie das Küchenlicht mehrmals an- und ausschalten.

Sorgen Sie für Gesellschaft. Probieren Sie aus, ob es Ihrem tauben Hund hilft, wenn Sie ihm einen gesunden Gefährten geben. Der taube

Lernen Sie die Zeichensprache

Juliette, eine Dalmatinerhündin in Spokane im amerikanischen Bundesstaat Washington, ist kein normaler tauber Hund: Sie beherrscht mehr als 20 Worte in Zeichensprache.
„Sie hat unheimlich schnell gelernt", berichtet ihre Besitzerin Jody Eisenman.
Juliettes Vokabular umfaßt Begriffe wie „Ich liebe dich", „Autofahren", „Nein", „Sitz", „Ballspielen", „Futter" und „Braves Mädchen". Ihre Besitzerin berichtet begeistert, daß sie beinahe in der Lage ist, durch die Zeichensprache eine Unterhaltung mit ihrem Hund zu führen.
Das können Sie auch schaffen. Am besten nehmen Sie an einem Lehrgang für Zeichensprache teil oder Sie kaufen sich ein entsprechendes Lehrbuch und lernen die Zeichen, die Sie brauchen. Juliette zum Beispiel weiß genau, daß Futterzeit ist, wenn ein Mitglied der Familie sie ansieht und die Hand mit geschlossenen Fingern erst zum Mund und dann zum Bauch führt. Im Klartext bedeutet dies „Hast du Hunger?"
Bringen Sie Ihrem Hund immer nur ein Zeichen zur Zeit bei und haben Sie Geduld. Wenn er es versteht, haben Sie etwas erreicht. Wenn nicht, sind Sie nicht schlechter dran als vorher.

Die Zeichensprache hilft dem tauben Hund, seinen Menschen zu verstehen. Das Lieblingszeichen jedes Hundes ist „Futter".

Hund merkt durch das Beobachten des hörenden, wann es Futterzeit ist oder ob jemand kommt.

Sagen Sie Bescheid. Wenn Sie das Haus verlassen oder in ein anderes Zimmer gehen, berühren Sie Ihren Hund vorher kurz, damit er Bescheid weiß. So vermeiden Sie, daß er Angst bekommt, wenn er plötzlich feststellt, daß Sie verschwunden sind.

Trennungsangst

Zwölf Methoden, sie zu überwinden

Alle Hunde sind unglücklich, wenn ihr Besitzer das Haus verläßt, doch einige können es absolut nicht ertragen, alleingelassen zu werden.
Sie fressen sich durch Wände, verbiegen die Metallstäbe des Zwingers oder springen durch geschlossene Fensterscheiben. Das liegt daran, daß Hunde Rudeltiere sind, für die eine Welt zusammenbricht, sobald sie auf sich allein gestellt sind.
Experten empfehlen die folgenden Maßnahmen, um einen Hund ans Alleinsein zu gewöhnen.

Langsam anfangen. Geben Sie Ihrem Hund einen Leckerbissen, verlassen Sie dann für eine Minute das Zimmer und schließen Sie die Tür hinter sich. Wenn Sie wiederkommen, wird Ihr Hund sich aufführen, als kämen Sie gerade von einer langen Amerikareise zurück, aber zumindest hat er gelernt, daß er eine Minute ohne Sie überleben kann. Üben Sie weiter, bis Ihr Hund ein bis zwei Stunden in einem anderen Teil des Hauses bleibt, ohne sich aufzuregen.
Verlassen Sie kurz das Haus. Wenn Ihr Hund gelernt hat, allein in einem Teil des Hauses zu bleiben, können Sie erstmals kurz das Haus verlassen. Nutzen Sie einen freien Tag, um zwanzigmal zu kommen und zu gehen. Die ersten fünfzehn Mal wird Ihr Hund Sie wahrscheinlich überschwenglich begrüßen, doch danach sollte er seine Lektion gelernt haben.

Ein Teil des Trainingsprogramms ist es, das Haus für ein oder zwei Minuten zu verlassen, bis der Hund sich an Ihre Abwesenheit gewöhnt hat.

Gelassenheit auf Rezept

Wenn nichts anderes funktioniert, kann Ihr Tierarzt Ihnen ein Beruhigungsmittel verschreiben, das dem Hund die Angst nimmt.
Es gibt eine Reihe von Medikamenten, die das Gehirn dazu anregen, mehr Serotonin zu produzieren, ein Hormon, das entspannend wirkt. Anders als normale Beruhigungsmittel, die den Hund nur schläfrig machen, tragen diese Medikamente dazu bei, daß der Hund sich ganz normal fühlt. Sie können dazu beitragen, daß Sie den Hund wiederbekommen, den Sie schon verloren glaubten.

Keine großen Abschiedsszenen. Machen Sie kein großes Drama daraus, wenn Sie das Haus verlassen. Sagen Sie „Bis nachher" und gehen Sie. Bei Ihrer Rückkehr reagieren Sie genauso gelassen. Dadurch merkt Ihr Hund, daß es nichts besonderes ist, wenn Sie kommen oder gehen.
Den Abschied versüßen. Geben Sie Ihrem Hund kurz bevor Sie gehen etwas, das er normalerweise nicht bekommt – zum Beispiel einen besonders attraktiven Kauknochen. Irgendwann wird er sich so auf sein Geschenk freuen, daß es ihn nicht mehr stört, daß er damit alleingelassen wird. Ein guter Trick ist, einen hohlen Kauknochen oder ein Gummispielzeug mit Hundefutter oder Streichkäse zu füllen. Der Hund wird sich stundenlang damit beschäftigen und gar keine Zeit haben, sich zu fürchten.
Bewegung gegen die Angst. Lassen Sie Ihren Hund draußen herumtollen, bevor Sie ihn alleinlassen. Wenn er müde genug ist, wird er vermutlich schlafen, während Sie unterwegs sind.
Gehorsamsübungen. Gehen Sie mit Ihrem Hund nach draußen und üben Sie mit ihm alles, was er kann. Es gibt ihm Selbstvertrauen, wenn er weiß, daß er alles richtig gemacht hat, und dieses Selbstvertrauen wirkt seiner Angst entgegen.
Sorgen Sie für Gesellschaft. Da Hunde Rudeltiere sind, könnte die Anschaffung eines zweiten Hundes dazu beitragen, daß Ihr Hund sich sicherer fühlt, wenn Sie fort sind. Manchen Hunden reicht es sogar, wenn eine Katze im Haus ist und ihnen Gesellschaft leistet.
Keine Angst vor Koffern. Manche Hunde regen sich furchtbar auf, wenn sie sehen, daß Ihre Besitzer die Koffer hervorholen. Um das zu verhindern, sollten Sie Ihr Reisegepäck gelegentlich herausholen, auch wenn Sie keinen Urlaub geplant haben. Lassen Sie den Hund in den Koffer springen oder legen Sie ein Spielzeug hinein, das er sich herausholen darf. Wenn Sie dann wirklich verreisen wollen, wird Ihr Hund

nicht mehr außer sich sein, sobald er die Koffer erblickt. Es kann auch nicht schaden, wenn Sie Ihrem Hund ein Souvenir aus dem Urlaub mitbringen. Legen Sie es im Koffer obenauf und lassen Sie ihn es selbst auspacken.

Das Licht brennen lassen. Wenn Sie abends fortgehen, lassen Sie ein oder zwei Lampen eingeschaltet, damit Ihr Hund sich sicherer fühlt.

Das Radio anstellen. Schalten Sie das Radio ein, damit Ihr Hund die kleinen Geräusche aus der Nachbarschaft nicht hört. Stellen Sie den Sender ein, den Sie normalerweise hören. Die Musik soll verhindern, daß Ihr Hund den ganzen Tag damit verbringt, auf Ihr Auto oder Ihre Schritte zu lauschen.

Montags ist es am schlimmsten. Sie hassen Montage? Stellen Sie sich vor, Sie wären ein Hund, der das ganze Wochenende geliebter Mittelpunkt der Familie war, um dann am Montagmorgen in einem leeren Haus aufzuwachen. Ihr Hund weiß nichts mit sich anzufangen, und seine Welt steht plötzlich auf dem Kopf. Geben Sie Ihrem Hund montags besonders viel Zuwendung. Machen Sie morgens einen längeren Spaziergang, geben Sie ihm einen besonders schönen Kauknochen und lassen Sie das Radio an, wenn Sie das Haus verlassen.

Schützende vier Wände. Manche Hunde fühlen sich nur in einem Innenzwinger oder einer Transportbox sicher. Sie empfinden ihre eigenen vier Wände als Höhle, in der ihnen nichts passieren kann.

Es gibt allerdings Hunde, die es nicht ertragen, alleingelassen und außerdem noch eingesperrt zu werden. Probieren Sie vorsichtig aus, ob Ihr Hund zu dieser Kategorie gehört.

Lassen Sie Ihre Tiere in Koffern und Taschen spielen, damit sie nicht in Panik geraten, wenn Sie tatsächlich verreisen wollen.

Übergewicht

Elf Methoden, einen Hund um ein paar Pfunde zu erleichtern

Ist Ihr Hund etwas mollig? Oder ist „mollig" schon eine Untertreibung? Dann ist er damit nicht allein. Fachleute schätzen, daß jeder dritte Hund Übergewicht hat. Das bedeutet, daß allein in Deutschland Millionen von fetten Hunden herumwatscheln.

Manchmal beruht die Gewichtszunahme auf einem medizinischen Problem, doch die meisten dicken Hunde bekommen einfach zu viel Futter.

Genau wie Menschen leiden auch übergewichtige Hunde unter Problemen wie zu hohem Blutdruck, Diabetes und Arthritis. Die folgenden Tips sollen Ihnen helfen, aus Ihrer Pelzkugel wieder einen Hund zu machen.

Machen Sie den Rippentest. Sie sind nicht sicher, ob Ihr Hund zu dick ist? Streichen Sie ihm mit leichtem Druck über die Rippen. Wenn sie nicht deutlich zu fühlen sind, ist Diät angesagt.

Bewegung macht schlank. Die regelmäßige Bewegung ist wahrscheinlich die beste Methode, Ihren Hund wieder in Form zu bekommen, und Ihnen schaden die gemeinsamen Spaziergänge sicher auch nicht. Wenn Ihr Hund nicht an lange Ausflüge gewohnt ist, fangen Sie langsam an – eine Runde um den Block reicht fürs erste.

Wann muß der Hund zum Tierarzt?

Ihr bisher schlanker Hund bekommt nicht mehr Futter als sonst und sieht in letzter Zeit trotzdem aus wie ein Hängebauchschwein? Natürlich kann es sein, daß er sich jetzt, wo er allmählich älter wird, weniger bewegt, doch es ist auch möglich, daß er krank ist.

Es gibt eine Reihe von Krankheiten wie Herzleiden oder Diabetes, die mit einem aufgeblähten Bauch einhergehen. Aus diesem Grund sollten Sie zunächst mit dem Tierarzt sprechen, bevor Sie Ihren vermeintlich fetten Hund auf Diät setzen. In manchen dieser Fälle kann eine strenge Diät sogar das Leben des Hundes gefährden.

Wenn die Rippen nicht mehr zu fühlen sind und der Bauch nach unten durchhängt, sollten Sie Ihren Hund auf Diät setzen. Der normalgewichtige Hund ist „aufgezogen", das heißt, daß die Unterlinie hinter dem Brustkorb wieder aufwärts führt.

Hundefutter light. Manche Tierärzte empfehlen ein fettarmes, rohfaserreiches Hundefutter zur Gewichtsreduzierung. Manchmal reicht es schon, wenn Sie einen Teil des gewohnten Futters damit ersetzen. Mit diesem Futter kann der Hund so viel fressen, wie er gewohnt ist, wird aber trotzdem nicht mehr dicker.

Kalorien reduzieren. Kürzen Sie als erstes die Futterration um ein Viertel. Sind die Rippen nach zwei Wochen immer noch nicht zu fühlen, streichen Sie ein weiteres Viertel der Ration. Hat sich nach weiteren zwei Wochen immer noch nichts getan, ist es an der Zeit, den Hund zum Tierarzt zu bringen.

Häufiger füttern. Damit der Hund während seiner Diät keinen Hunger leiden muß, sollten Sie seine Futterration in vier bis sechs Portionen aufteilen und ihm alle paar Stunden eine davon geben. Dadurch ist sein Magen beschäftigt, und er merkt vielleicht gar nicht, daß er eigentlich weniger Futter bekommt als sonst.

Das Vergnügen verlängern. Eine andere Methode, einen Hund nicht merken zu lassen, wie klein seine Futterration eigentlich ist: Geben Sie das Futter in mehrere Näpfe, die Sie überall in der Küche verteilen. Um an die nächsten paar Bissen zu kommen, muß der Hund immer ein paar Schritte laufen, und das ist genau das, was der Ernährungsberater empfiehlt.

Gewichtskontrolle

Regelmäßiges Wiegen Ihres Hundes zeigt Ihnen, ob Ihre Diätmaßnahmen Erfolg haben oder nicht. Einen kleinen Hund zu wiegen, ist einfach. Nehmen Sie ihn auf den Arm und steigen Sie mit ihm auf Ihre Badezimmerwaage. Dann setzen Sie ihn ab und wiegen nur sich allein. Die Differenz ist das Gewicht Ihres Hundes.
Wenn sie keine Personenwaage im Haus haben oder Ihr Hund zu denen gehört, die man nicht mal eben auf den Arm nimmt, lassen Sie ihn beim Tierarzt wiegen. Er wird das Gewicht Ihres Hundes vermutlich ohnehin kontrollieren, wenn Sie den Diätplan mit ihm gemeinsam erarbeitet haben.

Zwischenmahlzeiten streichen. Natürlich ist es verlockend, dem Hund zwischen den Mahlzeiten etwas Leckeres zuzustecken, doch solange er auf Diät ist, sollten Sie ihm diese zusätzlichen Kalorien vorenthalten.
Kalorienarme Leckereien. Wenn Ihr Hund auf den gewohnten Zwischenmahlzeiten besteht, versuchen Sie doch einmal, ihn mit etwas abzuspeisen, das nicht dick macht, zum Beispiel gekochten grünen Bohnen, rohen Möhren oder ungezuckertem Popcorn.
Der Futtertrick. Sie können auch einen Teil der täglichen Futterration beiseite stellen und als „Leckerbissen" zwischendurch verfüttern. Geben Sie Ihrem Hund gelegentlich einen Löffel voll, und alle Beteiligten sind zufrieden.
Knoblauch zur Diät. Auch wenn Knoblauch nicht gerade für frischen Atem sorgt, trägt er doch zur Gewichtsreduzierung bei, weil er die Funktion von Leber und Gallenblase anregt. Für einen kleinen Hund quetschen Sie eine viertel bis halbe Zehe und geben Sie ins Futter. Große Hunde können täglich ein bis zwei Zehen bekommen.
Not macht erfinderisch. Hunde, die der Meinung sind, daß sie nicht genug zu essen bekommen, können sich zu wahren Meisterdieben entwickeln. Achten Sie also darauf, Müllsäcke außerhalb ihrer Reichweite aufzustellen und nichts Eßbares auf dem Tisch oder den Arbeitsplatten der Küche liegenzulassen.

Überhitzung

Zwölf Methoden, die für Kühlung sorgen

In den heißen Sommermonaten tun Hunde eigentlich nichts anderes, als den ganzen Tag im Schatten zu liegen und gelegentlich etwas Wasser zu trinken.
Es bleibt ihnen auch nichts anderes übrig. Im Gegensatz zum Menschen haben Hunde kaum Schweißdrüsen – nur einige zwischen den Zehen, doch die reichen nicht aus, um den Körper abzukühlen.
Hunde sorgen für Kühlung, indem sie hecheln, doch sehr effektiv ist das nicht. Aus diesem Grund ist die sommerliche Hitzewelle für Ihren Hund eine Zeit des Unbehagens.
Die folgenden Tips tragen dazu bei, daß Ihr Hund die Hundstage unbeschadet übersteht.

Die Wasserration verdoppeln. Auch wenn der Wassernapf Ihres Hundes die Größe eines Mörtelkübels hat, müssen Sie damit rechnen, daß er ihn umstoßen könnte und dann den Rest des Tages auf dem Trockenen sitzt. Stellen Sie vorsichtshalber zwei Wassernäpfe hin und achten Sie darauf, daß beide immer voll sind.
Automatisches Nachfüllen. Wenn Sie sichergehen wollen, daß der Wassernapf im Garten immer voll ist, stellen Sie ihn unter einen tropfenden Wasserhahn.
Für Schatten sorgen. In der prallen Sonne steigt die Körpertemperatur schnell an. Ein Sonnenschirm, eine Veranda oder ein großer Baum reichen als Schattenspender.
Die Temperatur prüfen. Manchmal bleiben Hundehütte, Garage oder Scheune angenehm kühl, doch es kann auch vorkommen, daß sich der Unterschlupf Ihres Hundes schnell aufheizt.
Warten Sie, bis die Hitze am größten ist, und überprüfen Sie dann die Temperatur. Wenn Sie den Wohnort Ihres Hundes schon als unangenehm warm empfinden, wird sich auch Ihr Hund dort nicht mehr wohlfühlen.
Sonnenschutz. Auch Hunde können Sonnenbrand bekommen – vor allem auf der Nase, den Ohren und anderen unpigmentierten Körperstellen.
Wenn Ihr Hund viel Zeit draußen verbringt, sollten Sie die gefährdeten Hautpartien mindestens einmal am Tag mit einer Sonnencreme mit

Lichtschutzfaktor 15 einreiben. Wahrscheinlich werden Sie die Behandlung öfter wiederholen müssen, weil Ihr Hund sich die Creme schnell wieder von der Nase lecken wird.
Achten Sie beim Kauf darauf, keine Creme zu wählen, die Zink enthält, denn es kann Ihrem Hund schaden.
Gutes Timing. Gehen Sie nicht ausgerechnet in der Mittagshitze mit Ihrem Hund spazieren. Legen Sie Ihre Ausflüge in die kühleren Morgen- und Abendstunden.
Autofahren. Selbst bei geöffneten Fenstern ist es im Auto oft wärmer als draußen. Lassen Sie Ihren Hund am Fenster sitzen, damit er frische Luft bekommt. Aber Vorsicht: Öffnen Sie das Fenster nicht so weit, daß er herausspringen kann. Sie können ihm aber auch einen Platz auf dem Boden zuweisen, in der Nähe einer Gebläseöffnung der Klimaanlage.
Auf längere Fahrten sollten Sie Wasser und einen Napf mitnehmen, damit Ihr Hund bei Bedarf etwas trinken kann.
Überlegt parken. Im Innern eines geparkten Wagens wird es in wenigen Minuten so heiß wie in einem Ofen. Lassen Sie Ihren Hund nie im geparkten Auto zurück. Wenn es sich aber nicht umgehen läßt, suchen Sie sich einen schattigen Parkplatz. Öffnen Sie mindestens zwei Fenster einen Spaltbreit, damit die Luft zirkulieren kann, und vor allem lassen Sie Ihren Hund nie länger als ein oder zwei Minuten allein im Auto.

Wann muß der Hund zum Tierarzt?

In den meisten Fällen braucht ein überhitzter Hund nur etwas Ruhe und viel kühles Wasser. Doch wenn der Körper zu heiß wird, kommt es zum Hitzschlag.
Steigt die Körpertemperatur über 40 Grad an, droht der Hitzschlag. Sie brauchen die Temperatur aber nicht zu messen, denn die Warnsignale sind unübersehbar. Zu ihnen gehören Erschöpfung, starkes Hecheln und ein schleppender Gang. Manche Hunde werden so schwach, daß sie nicht einmal mehr den Kopf heben können.
Bei einem Hitzschlag kann das Gehirn geschädigt werden; deshalb muß der Hund so schnell wie möglich zum Tierarzt. Bevor Sie losfahren, spülen Sie ihn mit dem Gartenschlauch ab und hüllen Sie ihn unterwegs in eine nasse Decke ein.
Sie sollten ihm auch Trinkwasser anbieten, ihm aber kein Wasser einflößen. Bei einem schweren Hitzschlag kann Ihr Hund nicht mehr richtig schlucken und wird an dem Wasser ersticken.

Den Spieltrieb dämpfen. Hunde, die an kühlen Tagen die reinsten Energiebündel sind, werden bei Hitze von selbst ruhiger. Achten Sie darauf, Ihren Hund an heißen Tagen nicht zu sehr zu fordern. Nicht alle Hunde kennen die Grenze ihrer Belastbarkeit.

Nicht scheren. Es klingt vernünftig, einen langhaarigen Hund im Sommer scheren zu lassen. Doch auch wenn das lange Fell warm aussieht, isoliert es doch gut und trägt sogar dazu bei, den Hund kühl zu halten.

Es spricht natürlich nichts dagegen, den Hund auch im Sommer trimmen zu lassen, wenn er es gewohnt ist. Nur eine Totalschur sollten Sie ihm ersparen.

Appetitmangel – keine Sorge. Es ist kein Grund zur Beunruhigung, wenn Ihr Hund im Sommer weniger Appetit hat als in der kühleren Jahreszeit. Er braucht im Sommer nicht mehr so viel Energie, um warm zu bleiben, und er bewegt sich auch weniger.

Badefreuden. Viele Hunde gehen an heißen Tagen gern ins Wasser. Füllen Sie ein Kinderplanschbecken zwei oder drei Zentimeter hoch mit Wasser, und Ihr Hund hat die perfekte Möglichkeit, sich abzukühlen.

Umzugssorgen

Zehn Methoden, einem Hund das Eingewöhnen zu erleichtern

Ihr neues Haus ist traumhaft. Sie und Ihre Familie werden hier glücklich sein. Aber was ist nur mit dem Hund los? Gefällt ihm das Haus nicht? Oder warum liegt er niedergeschlagen in einer Ecke herum?
Die meisten Hunde verkraften Umzüge recht gut, doch es kommt immer wieder vor, daß der Ortswechsel einen Hund vollkommen aus der Bahn wirft.
Die folgenden Tips können dafür sorgen, daß der Umzug nicht zu einem traumatischen Erlebnis für Ihren Hund wird.

Die wirklich wichtigen Dinge einpacken. Hängt Ihr Hund besonders an einem bestimmten Einrichtungsgegenstand? Nehmen Sie ihn mit – auch wenn ein ausgefranster Teppich nicht zur neuen Einrichtung paßt. Doch genau dieser Teppich wird Ihrem Hund das Einleben erleichtern, denn er trägt seinen Geruch, er ist an ihn gewöhnt, und seine Anwesenheit wird ihn beruhigen.
Schenken Sie ihm ein T-Shirt. Um Ihrem Hund die Eingewöhnung zu erleichtern, sollten Sie dafür sorgen, daß sein neuer Schlafplatz nach Ihnen riecht. Für Hunde ist der Geruchssinn sehr wichtig, und es beruhigt sie, wenn sie in fremder Umgebung einen bekannten Geruch wahrnehmen.
Geben Sie Ihrem Hund ein T-Shirt oder Sweatshirt, das Sie bereits getragen haben. Ideal ist es, wenn Sie das nehmen, das Sie beim Umzug anhatten.
Ein ruhiges Plätzchen anbieten. Mitten im Umzugstrubel ist es für Ihren Hund besonders schwierig, sich einzuleben. Sperren Sie ihn in ein Zimmer ein, in dem kein Lärm herrscht und keine Kartons herumgeschoben werden.
Besuchen Sie Ihren Hund oft, geben Sie ihm etwas Futter und beschäftigen Sie sich eine Weile mit ihm.
Konsequenz ist gefragt. Versuchen Sie, nach dem Umzug schnell wieder nach der gewohnten Routine zu verfahren. Lassen Sie Ihren Hund auch weiterhin im Bett schlafen, wenn er das bisher durfte und füttern Sie ihn zur gewohnten Zeit und mit dem gewohnten Futter.
Besonders viel Zuwendung. Kümmern Sie sich in der ersten Zeit besonders viel um Ihren Hund. Spielen Sie häufig mit ihm und gehen Sie

Tips für den Ernstfall

Denken Sie daran, den Adreßanhänger am Halsband Ihres Hundes auf den neuesten Stand zu bringen, indem Sie sowohl Ihre alte als auch Ihre neue Adresse darauf vermerken. Auch wenn Sie noch so vorsichtig sind, kann es doch passieren, daß Ihnen Ihr Hund im Umzugstrubel entwischt. Wenn das passiert, kann ein solcher Anhänger sein Leben retten.

oft spazieren, damit er die Scheu vor der fremden Umgebung schnell verliert.

Vorsicht, Fluchtversuch! Es kann leicht passieren, daß ein Hund im Umzugstrubel verlorengeht. Wenn Sie ganz sichergehen wollen, lassen Sie ihn an der Leine oder in seinem Zwinger, bis die Möbelpacker fort sind und wieder etwas Ruhe eingekehrt ist.

Auf Sicherheit achten. Ein neues Haus ist nicht unbedingt auch hundesicher. Bevor Ihr Hund die ersten Inspektionsrunden drehen darf, gehen Sie durch alle Räume und beseitigen mögliche Gefahren, wie Löcher, in die er fallen könnte, Verpackungsmaterial aus Styropor, das er vielleicht frißt, oder stromführende Kabelenden.

Planung ist alles. Planen Sie Ihrem Umzug so, daß mindestens ein Familienmitglied die ersten Tage nach dem Umzug zuhause ist. Das Schlimmste, was Sie tun können, ist einzuziehen und Ihren Hund schon am nächsten Tag zehn Stunden allein zu lassen.

Erste Ausflüge. Unternehmen Sie möglichst bald die ersten Spaziergänge, damit Ihr Hund seine neue Nachbarschaft kennenlernt.

Einen Hundesitter suchen. Wenn Sie viele Stunden am Tag nicht zuhause sind, sollten Sie versuchen, jemanden zu finden, der Ihren Hund ausführt. Das verhindert nicht nur, daß er sich langweilt, es gibt ihm auch die Gelegenheit, sich zu erleichtern.

Verfilztes Fell

Sieben Methoden, die Knoten zu entwirren

Wenn das Fell Ihres Hundes so verfilzt ist, daß Sie es ihm am liebsten ausziehen und es in die Reinigung geben würden, haben Sie zu lange gewartet. Viel sinnvoller ist es, die Knoten im Pelz zu entwirren, bevor sie zu dichten Matten verfilzen. Die folgenden Tips sollen Ihnen dabei helfen.

Vor Nässe schützen. Wenn das verfilzte Fell naß geworden ist, läuft es beim Trocknen ein wie ein Wollpullover, und Sie werden es nie wieder entwirren können. Lassen Sie Ihren Hund also erst wieder im Regen oder in nassem Gras herumlaufen, wenn Sie die Verfilzungen entfernt haben.

Fingerarbeit. Matten aus verfilztem Haar zu entwirren, erfordert Geduld. Beginnen Sie an den Rändern und versuchen Sie die Matte – wenn nötig Haar für Haar – in der Mitte zu teilen. Dann teilen Sie die Hälften in Viertel, die Viertel in Achtel und so weiter. Wenn alles entwirrt ist, kämmen Sie die Stelle gut durch, um die letzten losen Haare zu entfernen.

Ausbürsten. Bürsten Sie zunächst nur oberflächlich mit kurzen, aufwärtsgerichteten Strichen. Wenn die oberen Haare dann glatt liegen,

Wann muß der Hund zum Tierarzt?

Verfilzte Haarbüschel sind kein schöner Anblick, doch was unter ihnen liegt, kann noch viel häßlicher sein.

Wenn die verfilzten Klumpen nicht regelmäßig entfernt werden, bieten sie Bakterien, Hefepilzen und Parasiten ein ideales Versteck. Außerdem können sich im Laufe der Zeit Wundstellen unter den Verfilzungen entwickeln, die schwerwiegende Infektionen nach sich ziehen.

Wenn Sie also unter einer besonders großen Verfilzung eine offene, infizierte Wunde vorfinden – oder Ihr verfilzter Hund fiebrig wirkt oder appetitlos ist – sollten Sie sofort mit ihm zum Tierarzt gehen. Diese Anzeichen deuten darauf hin, daß es sich bei den Verfilzungen nicht nur um ein kosmetisches Problem handelt.

arbeiten Sie sich allmählich bis auf die Haut vor. Gehen Sie schichtweise vor – wenn Sie die Bürste zu tief ansetzen, wird es dem Hund wehtun.

Wenn Sie mit der Bürste bis auf die Haut durchgedrungen sind, beenden Sie die Arbeit mit dem Kamm. Bleibt er irgendwo hängen, müssen Sie noch einmal zur Bürste greifen.

Maisstärke zum Entwirren. Bestäuben Sie die Verfilzungen leicht mit Maisstärke, denn dann lassen sich die Haare leichter auseinanderzupfen. Wenn Sie sich in die tieferen Schichten vorgearbeitet haben, müssen Sie eventuell noch einmal nachstäuben.

In Etappen arbeiten. Großflächige Verfilzungen sollten Sie nicht in einer einzigen Sitzung entwirren. Es reicht vollkommen, etwa zehn Minuten daran zu arbeiten. Dann streicheln Sie Ihren Hund und belohnen ihn vielleicht auch mit einem Leckerbissen. Ein paar Stunden später können Sie erneut an die Arbeit gehen. Versuchen Sie, Ihrem Hund das Entfilzen so angenehm zu machen, wie es geht.

Der Griff zur Schere. Besonders hartnäckige Verfilzungen sind manchmal nur zu lösen, wenn man sie in der Mitte durchschneidet. Danach ist es etwas leichter, sie mit den Fingern zu entwirren.

Manchmal ist es das einfachste, den ganzen Klumpen einfach herauszuschneiden. Schieben Sie die Spitzen der Schere vorsichtig unter die Verfilzung und öffnen dann die Schere, um die verfilzten Haare zu lockern. Schneiden Sie immer nur wenige Haare auf einmal ab und achten Sie sehr darauf, Ihren Hund nicht zu verletzen.

Im Zoofachhandel gibt es verschiedene scharfe Instrumente zum Entwirren von Verfilzungen, doch ihr Gebrauch sollte Profis vorbehalten bleiben. Bei einem Hund, der nicht stillhält, kann schon eine Schere gefährlich werden.

Vorbeugen ist besser als Entwirren. Wenn Sie alle Verfilzungen entfernt haben, sollten Sie Ihren Hund in Zukunft täglich bürsten – vor allem die Problemzonen. Achten Sie aber darauf, alle Schichten bis hinunter zur Haut zu bürsten. Viele Hundebesitzer bürsten nur das Deckhaar und wundern sich, warum das darunterliegende Fell verfilzt. Lassen Sie sich im Zoogeschäft beraten, welche Bürste sich für Ihren Hund am besten eignet.

Vergiftungen

Vierzehn Tips für den Notfall

Hunde stecken ihre Nase gewohnheitsmäßig in alles, doch manchmal stoßen sie dabei auf etwas, das ihnen nicht bekommt. Jahr für Jahr vergiften sich Tausende von Tieren in ihren eigenen „sicheren“ vier Wänden. Das liegt daran, daß sie keine Etiketten lesen können. Außerdem finden sie Dinge, die uns abscheulich vorkommen – wie etwa Frostschutzmittel – ausgesprochen lecker.

Wenn Sie sehen, daß Ihr Hund etwas frißt oder sich in etwas wälzt, das gefährlich für ihn ist, betrachten Sie es als Notfall und bringen Sie ihn sofort zum Tierarzt. Bei Vergiftungen zählt jede Minute.

Wenn der Tierarzt nicht sofort zu erreichen ist, müssen Sie selbst dafür sorgen, daß Ihrem Hund die Neugier nicht zum Verhängnis wird.

Das Gift identifizieren. Noch bevor Sie den Tierarzt anrufen, müssen Sie feststellen, was Ihr Hund genau gefressen hat. Es nützt dem Tierarzt nichts, wenn Sie ihm nur sagen, daß Ihr Hund das Pflanzenschutzmittel verschlungen hat. Er muß wissen, welche Stoffe es enthält, in welcher Konzentration und zudem alles weitere, was auf der Packung steht. Außerdem ist es hilfreich, festzustellen, wieviel von dem Gift von der Packung in den Hund gewandert ist. Wenn er erbricht, geben Sie etwas davon in einen Plastikbeutel. Die Probe kann dem Tierarzt wertvolle Hinweise liefern.

Das Gift loswerden. Wenn Ihr Hund Tabletten, Frostschutzmittel oder ein anderes, nicht ätzendes Gift geschluckt hat, müssen Sie versuchen, Erbrechen auszulösen, damit er das Gift wieder loswird. Dazu ziehen Sie etwa einen Teelöffel einer dreiprozentigen Wasserstoffperoxidlösung in eine Spritze ohne Nadel auf und spritzen Sie ihm auf je fünf Kilo Körpergewicht einen Teelöffel von der Lösung in den Rachen.

Eine andere Möglichkeit ist Salzwasser. Lösen Sie zwei gehäufte Teelöffel Salz in einer halben Tasse Wasser auf und geben Sie ihm mindestens 10 ml davon.

Das Gift neutralisieren. Wenn Ihr Hund etwas Ätzendes verschluckt hat – zum Beispiel Abflußreiniger oder Kerosin –, dürfen Sie ihn nicht zum Erbrechen bringen, denn dadurch würden die Verätzungen verdoppelt: beim Schlucken und beim Hochkommen. Geben Sie ihm stattdessen etwas, das die Chemikalien neutralisiert. Handelt es sich um eine Lauge – wie etwa Abflußreiniger –, mischen Sie Zitronensaft oder Essig zu gleichen Teilen mit Wasser und spritzen Sie ihm die

Wann muß der Hund zum Tierarzt?

Je schneller eine Vergiftung behandelt wird, desto größer sind die Überlebenschancen für Ihren Hund. Zu den Warnsignalen gehören:

- Verhaltensänderungen. Zum Beispiel zittern oder übermäßige Scheu. Geducktes, schwankendes Gehen, Krampfanfälle oder Bewußtlosigkeit. Manchmal auch übermäßiges Speicheln und hektisches Reiben mit der Pfote am Maul.
- Blutungen. Mäuse- und Rattengift enthält vielfach Warfarin, eine Substanz, die Blutungen aus allen Körperöffnungen verursacht.
- Atembeschwerden wie Hecheln oder Keuchen. Wenn Ihr Hund Kohlenmonoxid eingeatmet hat, verfärben sich die Maulschleimhäute kirschrot.

Lösung ins Maul. Ist eine Säure in den Körper gelangt – zum Beispiel Batteriesäure oder ein Bleichmittel –, geben Sie Ihrem Hund Magnesiamilch oder Dosenmilch.

Aktivkohle zum Absorbieren. Aktivkohle absorbiert das Gift im Magen, bevor es Schaden anrichtet. Doch auch nachdem der Hund die Kohle bekommen hat, ist das Gift noch in seinem Körper, das heißt, er muß trotzdem möglichst schnell zum Tierarzt.

Milch zur Verdünnung. Bei vielen Vergiftungen ist Milch ein gutes Verdünnungsmittel, das zugleich Maul, Speiseröhre und Magen mit einer schützenden Schleimschicht überzieht. Wenn der Hund bei Bewußtsein ist, kann Milch gegeben werden. Ist er jedoch benommen oder bewußtlos, dürfen Sie ihm keine Flüssigkeiten eingeben – er könnte daran ersticken.

Medikamente sicher aufbewahren. Selbst der beste kindersichere Verschluß nützt nichts, wenn der Hund das Medizinfläschchen umstößt und es auf dem Boden zerplatzt oder es kaputtbeißt. Nach Schädlingsbekämpfungsmitteln sind Medikamente die zweithäufigste Vergiftungsursache bei Haustieren. Schon ein paar Aspirin können einen kleinen Hund töten.

Kindersichere Schränke. Hunde können sehr erfinderisch sein, wenn ihre Neugier sie treibt. Leider sind viele Produkte, die wir in „Hundehöhe“ aufbewahren, extrem giftig. Dazu gehören auch die Reinigungsmittel im Schrank unter der Spüle.

Besorgen Sie sich Kindersicherungen für diese Schränke, denn andernfalls öffnet der Hund sie mit einer Pfotenbewegung.

Vorsicht in der Garage. Ein Stoff, mit dem sich Jahr für Jahr unzählige Tiere vergiften, ist Frostschutzmittel für Autokühler. Hunde lieben seinen süßen Geschmack, doch schon eine knappe Tasse voll ist tödlich für einen kleinen Hund. Verstauen Sie angebrochene Flaschen hundesicher und lassen Sie Undichtigkeiten an Kühler oder Schläuchen reparieren, bevor Ihr Hund die Kühlwasserpfützen unter dem Auto entdeckt.

Vorsicht, Giftpflanzen! Viele verbreitete Zierpflanzen wie Philodendron, Dieffenbachie und Eibe sind gefährlich oder sogar giftig für Hunde. Normalerweise wird es erst gefährlich, wenn der Hund Pflanzenteile schluckt, doch manchmal reicht es aus, wenn er nur auf den Blättern kaut. Weitere gefährliche Pflanzen sind Caladie, Alpenveilchen, Fingerhut, Drachenbaum, Stechpalme, Mistel, Azalee, Weihnachtsstern und Rhododendron. Stellen Sie all Ihre Zimmerpflanzen so auf, daß der Hund sie nicht erreichen kann. Wenn Sie nicht sicher sind, ob eine bestimmte Pflanze eine Gefahr darstellt, fragen Sie Ihren Tierarzt.

Tierärztliche Anweisungen befolgen. Wenn etwas Medizin dem Hund hilft, muß viel Medizin ihm doch noch viel mehr helfen; so denken viele Tierhalter. Sie erhöhen eigenmächtig die vom Tierarzt verordnete Dosierung um das Zwei- oder Dreifache – und der Hund muß es mit dem Leben bezahlen. Manchmal vergessen sie auch eine Dosis und geben später eine doppelte, um ihren Fehler wieder wettzumachen. Befolgen Sie die Anweisungen des Tierarztes und lesen Sie zusätzlich die Packungsbeilagen.

Das Fell entgiften. Nicht alle Gifte müssen in den Körper gelangen, um Schaden anzurichten. Bei manchen reicht es schon aus, wenn sie nur mit Haut oder Fell in Berührung kommen. Selbst Stoffe, die normalerweise harmlos sind, wie zum Beispiel Flohbäder, können tödlich wirken, wenn sie nicht vorschriftsgemäß angewendet werden. Wenn Ihr Hund mit einem Gift in Berührung gekommen ist, waschen Sie es sofort gründlich ab. Die Erste Hilfe-Maßnahmen sind dieselben wie beim Menschen. Spülen Sie die betroffenen Partien noch vor der Fahrt zum Tierarzt mindestens zehn Minuten unter fließendem Wasser ab.

Pestizide. Wenn Sie Schädlinge wie Schnecken oder Ameisen bekämpfen wollen, stellen Sie die Köder stets an Orten auf, die für Ihren Hund nicht zugänglich sind.

Versuchen Sie außerdem, mit möglichst geringen Mengen auszukommen – gerade genug, um die Maus oder Küchenschabe zu vergiften, aber nicht genug, um Ihrem Hund zu schaden.

Für Luft sorgen. Wenn Ihr Hund große Mengen Kohlendioxid oder ein anderes Gas eingeatmet hat, bringen Sie ihn so schnell wie möglich an die frische Luft und rufen Sie dann den Tierarzt an.

Verstopfung

Zehn Methoden, die Verdauung anzuregen

Hat Ihr Hund schon den ganzen Tag nichts „gemacht"? Waren Sie lange mit ihm draußen, ohne daß etwas passiert ist?
Verstopfung ist bei Hunden selten, doch sie kommt vor und ist für die Tiere sehr unangenehm.
Wenn sich ihr Hund einen oder sogar mehrere Tage lang bemüht und trotzdem keinen Kot absetzen kann, sollten Sie ihn zum Tierarzt bringen. In der Zwischenzeit können Sie versuchen, mit folgenden Hausmitteln die Verstopfung zu beheben.

Füttern Sie faserreich. Ein Futter mit einem Rohfasergehalt von 7 bis 13 Prozent kann dazu beitragen, daß die Verstopfung nie wieder auftritt.
Versuchen Sie es mit Kleie. Etwa ein halber bis zwei Teelöffel voll Haferschälkleie einmal täglich aufs Futter gestreut beugt Verstopfungen wirksam vor. Geben Sie etwas Fleischbrühe über das Futter, dann fällt es dem Hund leichter, die Kleie zu schlucken.
Füttern Sie Flocken. Eine andere Möglichkeit ist es, Getreideflocken unter das Futter zu rühren. Ein bis drei Teelöffel voll in jeder Mahlzeit regen die Verdauung an.
Auch gut: Kürbis. Kürbis aus der Dose ist ebenfalls sehr faserreich. Außerdem scheinen Hunde ihn ausgesprochen gern zu fressen. Mischen Sie einen oder zwei Teelöffel voll unter das Futter, bis die Verdauung wieder geregelt ist.
Milch. Normalerweise sollten Hunde keine Milch bekommen, weil sie zu Durchfall führen kann. Bei einer Verstopfung könnte Milch jedoch genau das Richtige sein. Geben Sie Ihrem kleinen Hund zweimal täglich eine achtel Tasse voll – ein großer Hund darf eine halbe Tasse voll Milch bekommen. Wenn die Verstopfung behoben ist, entwöhnen Sie ihn im Laufe von drei oder vier Tagen wieder davon.
Für Wasser sorgen. Wenn Ihr Hund nicht genug trinkt, ist es kein Wunder, daß er unter Verstopfung leidet. Stellen Sie ihm immer Wasser bereit, und wenn er zu träge ist, bis zu seinem Wassernapf zu laufen, verteilen Sie weitere Näpfe an strategisch wichtigen Punkten. Sie können auch das Futter mit Wasser verdünnen oder das Trockenfutter aufgequollen verfüttern.

Falscher Alarm

Auch wenn Ihr Hund immer wieder angestrengt preßt, bedeutet das nicht unbedingt, daß er verstopft ist. In den meisten Fällen hat er ein ganz anderes Problem.
Tierärzte wissen aus Erfahrung, daß neunundneunzig Prozent der verstopften Hunde in Wirklichkeit unter Durchfall leiden, der beim Hund ziemlich oft auftritt. Die Hunde haben ihren Darm zwar schon entleert, verspüren aber weiterhin den Drang, Kot abzusetzen, und pressen weiter, ohne daß etwas passiert. Daraufhin nimmt der Besitzer natürlich an, der Hund sei verstopft.

Bewegung ist alles. Gehen Sie mehrmals am Tag mindestens zwanzig Minuten lang mit Ihrem Hund spazieren, denn durch die Bewegung wird seine Verdauung angeregt.
Dem Ruf der Natur lauschen. Viele Hunde verstopfen nur, weil sie keine Möglichkeit hatten, sich zu erleichtern. Wenn der Hund nicht oft genug hinauskommt, wird der angestaute Kot immer härter und trockener, und das kann relativ schnell zu Problemen führen.
Achten Sie darauf, Ihren Hund mehrmals im Tag „Gassi“ zu führen, oder wenn das nicht möglich ist, installieren Sie eine Hundeklappe, durch die er in den Garten kann, wenn immer es nötig ist.
Keine Knochen füttern. Kotelett- oder andere Knochen, die der Hund zerbeißt und schluckt, können eine Verstopfung verursachen. Geben Sie Ihrem Hund vorsichtshalber nur Knochen, auf denen er herumkauen, die er aber nicht zerbeißen kann.
Manchmal hilft ein Haarschnitt. Bei langhaarigen Hunden kann das Fell rund um den After so verkletten, daß ein Kotabsatz unmöglich wird. Tierärzte bezeichnen dies als mechanische Verstopfung. Je länger dieser Zustand bestehen bleibt, desto härter wird der Kot, bis der Hund schließlich unter echter Verstopfung leidet.
Die Lösung? Nehmen Sie eine Schere mit abgerundeten Spitzen und schneiden Sie das verfilzte Fell vorsichtig ab.

Wunden

Zehn Tips für die Erste Hilfe im Notfall

Für Sie ist Ihr Hund natürlich der schönste und beste der Welt, doch Nachbars Katze oder der Hund von gegenüber sind vielleicht ganz anderer Meinung.
Hunde werden jedoch nicht nur im Kampf verletzt, sie können auch Unfälle erleiden, bei denen sie sich Wunden zuziehen. Die folgenden Hinweise sollen es Ihnen erleichtern, in diesen Fällen fachmännisch Erste Hilfe zu leisten.

Vorsichtsmaßnahmen. Ein verletzter Hund hat Angst und kann nicht verstehen, daß Sie ihm nur helfen wollen. Legen Sie ihm vorsichtshalber einen Maulkorb an, bevor Sie die Verletzung berühren. Wenn Sie keinen Maulkorb besitzen, müssen Sie improvisieren. Nehmen Sie eine Gazebandage oder ein Stück Seil. Wickeln Sie es mehrmals um die Schnauze des Hundes und verknoten Sie die Enden hinter den Ohren. Legen Sie aber eine Schere griffbereit, falls Ihr Hund erbricht.
Einen Hund einwickeln. Wenn Ihr Hund zu klein ist, um einen Maulkorb zu tragen, wickeln Sie seinen Kopf in einen Kissenbezug, ein Handtuch oder eine Decke ein. Achten Sie aber darauf, ihn nicht so fest einzuwickeln, daß er keine Luft mehr bekommt.

Wann muß der Hund zum Tierarzt?

Oberflächliche Wunden können Sie selbst behandeln, doch tiefe oder großflächige Verletzungen sind ein Fall für den Tierarzt. Das gilt vor allem für stark blutende oder extrem schmerzhafte Wunden.
Wenn Sehnen oder Muskelfasern durchtrennt sind, muß die Wunde vom Tierarzt unter Narkose genäht werden. Doch selbst oberflächliche Wunden können gefährlich werden, vor allem, wenn sie stark bluten oder sich infizieren. Eine Infektion ist ohnehin die größte Gefahr bei jeder Verletzung. Anzeichen dafür sind Eiter, Rötung, Schwellung oder starke Schmerzhaftigkeit. Bißwunden infizieren sich fast immer, denn im Maul von Hunden und Katzen wimmelt es von Bakterien, und die spitzen Eckzähne dringen tief ein.
Wenn Ihr Hund Bißwunden davongetragen hat, sollten Sie ihn zum Tierarzt bringen, der mit Antibiotika einer Infektion vorbeugen kann.

Wenn Sie befürchten, daß Ihr verletzter Hund Sie beißt, binden Sie ihm die Schnauze zu, bevor Sie ihn behandeln.

Die Blutung stillen. Das Allerwichtigste ist, die Blutung zum Stillstand zu bringen. Drücken Sie mit der Hand oder einem sauberen Tuch auf die Wunde, bis sie nicht mehr blutet. Das dauert gewöhnlich ein paar Minuten. Wenn die Blutung nicht aufhört, bringen Sie den Hund so schnell wie möglich zum Tierarzt.

Die Wunde freischneiden. Wenn die Verletzung nicht mehr blutet, muß die Wunde gesäubert werden. Dazu müssen Sie das die Wunde umgebende Fell wegschneiden. Sie können eine Schere benutzen, eine elektrische Schermaschine ist jedoch besser. Achten Sie darauf, daß die abgeschnittenen Haare nicht in der Wunde landen, denn wenn sie dort festkleben, ist eine Infektion vorprogrammiert.

Gründliche Reinigung. Tiefe Schnitt- oder Bißwunden werden unter fließendem Wasser gespült, denn nur so sind bakterienbeladene Haare oder andere Fremdkörper zu entfernen. Wasser und Seife sind ein hervorragendes Desinfektionsmittel.

Keine Salben auftragen. Oberflächliche Wunden sollten Sie nicht mit scharfen Mitteln desinfizieren und auch keine Wundsalben auftragen. Die Desinfektion würde die Haut zusätzlich reizen, und die Salbe wird der Hund ohnehin sofort ablecken.

Lecken lassen. Ein verletzter Hund wird sofort anfangen, die Wunde zu lecken. Lassen Sie ihn ruhig gewähren, denn das Lecken reinigt die Wunde und beschleunigt die Heilung.

Leckverbot. Wenn die Wunde genäht wurde, wird der Hund ebenfalls versuchen, sie zu belecken, und dabei die Fäden wieder herausziehen. Um dies zu verhindern, wird Ihr Tierarzt Ihnen eine Halskrause mitgeben, einen steifen Plastikkragen, der es dem Hund unmöglich macht, die Wunde mit dem Maul zu erreichen. Legen Sie Ihrem Hund den Kragen aber nicht sofort um – warten Sie erst einmal ab, ob es tatsächlich nötig ist. Hunde sind sehr unglücklich, wenn sie eine solche Halskrause tragen müssen. Sie sollten sie nur im äußersten Notfall benutzen.
Die heilende Kraft der Sonne. Straffes Bandagieren kann nötig sein, um eine Blutung zum Stillstand zu bringen, doch sobald das erreicht ist, sind Verbände eher schädlich. Je mehr Material auf einer Wunde liegt, desto langsamer heilt sie.
Achten Sie auf Abszesse. Die meisten kleineren Wunden heilen von selbst, doch manchmal bildet sich auch ein Abszeß. Ein Abszeß ist eine Eiteransammlung unter der bereits wieder verheilten Haut. Da der Eiter durch die inzwischen wieder zugewachsene Wundöffnung nicht abfließen kann, breitet sich die Infektion unter der Haut aus. Wenn Sie eine weiche Schwellung unter einer verheilten Wunde entdecken, bringen Sie Ihren Hund zum Tierarzt. Er wird den Abszeß öffnen, damit der Eiter abfließen kann. Versuchen Sie nicht, die Behandlung selbst vorzunehmen, denn wenn es nicht klappt, verlieren Sie damit wertvolle Zeit.

Um eine Halskrause selbst herzustellen, schneiden Sie den Boden eines Plastikeimers so weit aus, daß Sie dem Hund den Eimer über den Kopf streifen und ihn am Halsband festbinden können. Achten Sie darauf, daß die Futter- und Wasseraufnahme noch möglich sind.

Wurmbefall

Fünf Wege, die Schmarotzer loszuwerden

Sicher ist es ein ziemlicher Schock für Sie, wenn Sie feststellen, daß sich in der Hinterlassenschaft Ihres Hundes etwas bewegt, doch ein Befall mit Eingeweidewürmern ist keine Seltenheit.
Fast alle Hunde kommen schon mit Würmern zur Welt oder bekommen sie kurz nach der Geburt, und auch die meisten erwachsenen Hunde leiden unter Wurmbefall.
Einen Wurm im Hundehaufen zu finden, ist ekelhaft, doch diese Würmer sind relativ harmlos und verursachen nur etwas Durchfall oder gelegentliches Erbrechen. Viel schlimmer sind die Würmer, die man nicht sieht, wie Haken- und Peitschenwürmer, denn sie verursachen Blutarmut, Austrocknung und Nährstoffmangel.
Zur Bekämpfung der verschiedenen Wurmarten sind verschiedene Medikamente nötig. Ihr Tierarzt wird Sie beraten. Außerdem können Sie einiges dazu beitragen, die Symptome eines Wurmbefalls zu lindern und eine erneute Verwurmung zu verhindern.

Früh anfangen. Fast jeder Welpe wird schon mit Würmern geboren oder bekommt sie, sobald er bei der Mutter saugt.
Die erste Wurmkur sollte Ihr Welpe im Alter von sechs Wochen bekommen. Lassen Sie sich vom Tierarzt ein Medikament geben, das auch von so jungen Tieren gut vertragen wird.
Die Flöhe bekämpfen. Bandwürmer holen sich Hunde, wenn sie lästige Flöhe zerbeißen, denn Flöhe sind die Zwischenwirte für den Bandwurm. Es gibt Tabletten, die gegen Bandwürmer wirken, doch wenn Sie nicht auch gegen die Flöhe vorgehen, wird Ihr Hund in kürzester Zeit wieder Bandwürmer haben.
Fragen Sie Ihren Tierarzt nach einer wirksamen Methode der Flohbekämpfung.
Jagdausflüge verhindern. Hunde bekommen Würmer, wenn sie verwurmte Kaninchen oder andere Beutetiere fressen. Um dies zu verhindern, sollten Sie Ihren Hund nur im Garten frei laufen lassen und ihn bei Spaziergängen an die Leine nehmen.
Hof und Garten sauberhalten. Eine ganze Reihe von Parasiten findet in kotverschmutzer Erde ideale Lebensbedingungen vor. Hunde kön-

Wann muß der Hund zum Tierarzt?

Normalerweise bedeutet ein Befall mit Würmern keine Gefahr für einen Hund, doch wenn er nicht behandelt wird, können sich die Schmarotzer ungehindert vermehren. Deshalb sollten Sie beim ersten Anzeichen von Problemen Ihren Tierarzt aufsuchen.
Anzeichen für starken Wurmbefall sind Erbrechen, blutiger Durchfall oder Kot, der aussieht wie schwarzer Teer. Außerdem stoßen manche Wurmarten Körpersegmente ab, die mit dem Kot ausgeschieden werden.

nen sich schon mit diesen Parasiten infizieren, wenn sie in der verschmutzten Erde graben oder aus Pfützen trinken.
Mit der entsprechenden Hygiene lassen sich 90 Prozent der Wurmerkrankungen verhindern. Entfernen Sie die Hinterlassenschaft Ihres Hundes aus dem Garten, bevor sie das Erdreich verschmutzt.
Vorbeugung. Um auf Nummer Sicher zu gehen, sollten Sie regelmäßig den After Ihres Hundes und auch seinen Kot inspizieren. Achten Sie auf reiskornähnliche Bandwurmsegmente oder die fadenförmigen Rundwürmer. Geben Sie zudem einmal jährlich eine Kotprobe Ihres Hundes beim Tierarzt ab, damit er die benötigten Wurmmittel auswählen kann.

Zahnprobleme

Siebzehn Wege, ihnen vorzubeugen

Warum sollen Sie die Zähne Ihres Hundes pflegen? In der Natur macht das doch auch keiner! Das stimmt, aber in der Natur fressen Hunde auch kein weiches Dosenfutter, mit dem selbst ein zahnloser Hund bequem fertig wird.
Hunde bekommen nur selten Karies, doch mehr als 80 Prozent der Hunde über drei Jahre leiden unter Parodontose. Sie entsteht durch Plaque, einen dünnen, bakterienhaltigen Film, der sich auf die Zähne legt. Auf diesem Film bildet sich Zahnstein, der das Zahnfleisch zurückdrängt, bis die Zähne schließlich ausfallen. In seltenen Fällen dringen die Bakterien aus dem Maul auch in andere Organe des Körpers vor, zum Beispiel die Nieren oder das Herz.
Wenn Ihr Hund Zahnsteinablagerungen an seinen Zähnen hat, müssen diese vom Tierarzt entfernt werden. Sie können jedoch etwas dazu tun, damit es nicht so weit kommt.

Füttern Sie Trockenfutter. Trockenfutter ist dem Dosenfutter vorzuziehen, weil es die Zähne beim Kauen gewissermaßen abschmirgelt.
Bißfeste Leckereien. Wenn Sie Ihrem Hund einen Leckerbissen geben wollen, wählen Sie etwas, das er gründlich kauen muß. Auf diese Weise machen Sie ihm nicht nur eine Freude, sondern tun auch etwas für seine Zähne.
Knochen. Wahrscheinlich wird Ihr Hund begeistert sein, wenn Sie ihm einen großen Suppenknochen mit Fleischresten geben. Dabei besteht jedoch die Gefahr, daß er sich vor lauter Begeisterung einen Zahn abbricht. Verzichten Sie lieber darauf, ihn mit Knochen zu erfreuen. Splitternde Knochen wie die vom Huhn sind natürlich ohnehin tabu.
Schlund. Die Luftröhre von Rind oder Schwein bekommen Sie an Ihrer Fleischtheke sicher nicht zu sehen, doch Sie können Ihren Schlachter danach fragen. Die zähen Fasern und Knorpel massieren Zähne und Zahnfleisch und putzen die Plaque auch aus den hintersten Ecken. Schneiden Sie den Schlund in Stücke von einigen Zentimetern Länge und kochen Sie sie 5 bis 15 Minuten lang. Dann geben Sie Ihrem Hund eines der Stücke als Zwischenmahlzeit. Er wird begeistert sein.
Anderes Ende – selbe Wirkung. Einen Ochsenschwanz werden Sie vermutlich leichter bekommen als eine Luftröhre, und er hat dieselbe reinigende Wirkung auf die Zähne. Kochen Sie ihn 5 bis 10 Minuten lang und verfüttern Sie ihn stückweise an Ihren Hund.

Zahnpflege leichtgemacht. Ein geriffeltes Gummispielzeug hält Hundezähne sauber und weiß. Beim Kauen schabt das Gummi die Ablagerungen von den Zähnen. Um das Spielzeug noch interessanter und effektiver zu machen, können Sie es mit Hundezahnpasta betreichen.

Im Fachhandel gibt es eine Menge dieser Zahnpflegespielsachen. Die meisten Tierärzte empfehlen den Dental Kong.

Sagen Sie Plaque den Kampf an. Der Gedanke, Ihrem Hund täglich die Zähne zu putzen, ist Ihnen etwas unheimlich? Versuchen Sie es trotzdem, denn es ist die beste Methode, der Bildung von Zahnstein vorzubeugen. Selbst wenn Sie sich nur zweimal pro Woche dazu aufraffen können, ist damit schon viel gewonnen.

Lassen Sie sich Zeit. Stürzen Sie sich nicht sofort mit einer Zahnbürste bewaffnet auf Ihren Hund, sondern geben Sie ihm Zeit, sich an den Gedanken zu gewöhnen. Streicheln Sie ihm erst ein paar Tage lang etwa eine Minute täglich das Maul. Reden Sie ihm dabei gut zu und belohnen Sie ihn eventuell auch mit einem Leckerbissen. Wenn er sich schließlich widerspruchslos ins Maul fassen läßt, haben Sie schon halb gewonnen.

Der nächste Schritt. Sobald Ihr Hund sich die Berührung im und am Maul gefallen läßt, können Sie anfangen, seine Zähne zu putzen. Nehmen sie anfangs noch keine Zahnbürste, sondern ein Stück Gaze (ein Stück von einem Nylonstrumpf tut es auch).

Heben Sie die Lippe auf einer Seite an und reiben Sie mit einem um die Fingerspitze gelegten Stück Gaze die Außenseiten der Zähne ab. Wechseln Sie auf die andere Seite. Die ganze Prozedur sollte nicht länger als eine Minute dauern – und vergessen Sie anschließend nicht die Beloh-

Wann muß der Hund zum Tierarzt?

Regelmäßiges Zähneputzen kann viele Probleme verhüten, doch ein Allheilmittel ist es nicht. Bei der Zahnpflege sollten Sie stets auf Symptome achten, die einen Besuch beim Tierarzt erforderlich machen.

Gerötetes Zahnfleisch zum Beispiel ist ein Zeichen für Parodontose. Schwellungen können auf einen entzündeten Zahn oder sogar einen Tumor hinweisen. Andere Warnzeichen sind entzündetes oder blutendes Zahnfleisch, Fremdkörper, die sich nicht leicht entfernen lassen, Zahnstein, abgebrochene Zähne, plötzliches Speicheln oder übelriechender Atem.

Auch wenn Ihr Hund plötzlich das Futter verweigert oder versucht, nur noch auf einer Seite zu kauen, kann er unter Zahnschmerzen leiden.

nung. Wenn Sie Ihrem Hund etwa eine Woche lang jeden Tag auf diese Weise die Zähne putzen können, sollten Sie versuchen, in Zukunft mit einer Zahnbürste zu arbeiten.

Die Zahnbürste. Nur mit einer Zahnbürste läßt sich Plaque wirksam bekämpfen. Wählen Sie eine weiche Kinderzahnbürste oder eine spezielle Tierzahnbürste.

Halten Sie die Bürste in einem Winkel von 45 Grad an die Zähne und putzen sie mit weichen, kreisförmigen Bewegungen. Besonders wichtig ist der Bereich, an dem das Zahnfleisch ansetzt.

Zahnpasta. Benutzen Sie eine spezielle Hundezahnpasta aus dem Fachhandel – auf keinen Fall Ihre eigene. Hunde können sich nicht den Mund ausspülen und ausspucken; sie bekommen Verdauungsbeschwerden, wenn sie Ihre Zahnpasta schlucken.

Zähneputzen mit Knoblauch. Geben Sie etwas Knoblauchpulver in lauwarmes Wasser und befeuchten Sie die Zahnbürste damit. Dagegen haben die meisten Hunde erstaunlicherweise nichts einzuwenden.

Brühe als zweite Wahl. Wenn Ihr Hund den Knoblauchgeschmack nicht mag – oder Sie den Geruch –, können Sie die Bürste auch mit Rinder- oder Hühnerbrühe benetzen.

Auch Fisch wird gern genommen. Eine andere Möglichkeit ist die Verwendung des Wassers aus Thunfischdosen. Rechnen Sie aber nicht damit, daß das Maul Ihres Hundes danach minzfrisch riecht.

Zeigen Sie ihm, daß es harmlos ist. Ihr Hund wird sich das Zähneputzen vielleicht besser gefallen lassen, wenn er zusehen kann, wie Sie Ihre Zähne putzen. Also lassen Sie ihn beim nächsten Mal mit ins Badezimmer. Sie können Ihre Zahnbürste auch zu seinem Korb mitnehmen und sich dort demonstrativ die Zähne putzen.

Die Segnungen der modernen Technik. Besonders furchtlose Hunde lassen sich sogar die Behandlung mit einer elektrischen Zahnbürste gefallen. Achten Sie aber darauf, ein möglichst leises Modell zu kaufen.

Einmal jährlich zum Zahnarzt. Lassen Sie die Zähne Ihres Hundes einmal im Jahr vom Tierarzt begutachten, damit aus kleinen Problemen keine großen werden.

Zahnwechsel

Neun Wege, das Zahnen zu erleichtern

Sie haben Ihren Welpen erst seit einem Monat, und er hat schon bleibende Eindrücke bei Ihnen hinterlassen? Das Problem ist nur, daß es sich dabei um die Spuren seiner Zähne handelt, die sich auf Ihrem Lieblingsroman, Ihren besten Schuhen und den Beinen des Küchentisches befinden?

Die Milchzähne werden im Alter von drei bis sechs Monaten durch die bleibenden Zähne ersetzt. Dieser Prozeß kann schmerzhaft sein, und um ihn zu beschleunigen, braucht der junge Hund etwas, auf dem er kauen kann.

Natürlich sollte er sich dazu nicht ausgerechnet Ihre Lieblingssachen aussuchen. Die folgenden Tips erleichtern Ihrem Hund den Zahnwechsel und schützen gleichzeitig Ihren Besitz.

Führen Sie ihn nicht in Versuchung. Wenn Sie Ihre neuen Lederhandschuhe herumliegen lassen, brauchen Sie sich nicht zu wundern, wenn diese abends mit den Spuren kleiner Zähne übersät sind.

Denken Sie auch daran, Elektrokabel mit breitem Klebeband am Fußboden festzukleben, damit Ihr Welpe sie nicht mit den Zähnen packen kann. Auch Haushaltsreiniger sollten Sie sicher verstauen, wenn Sie nicht riskieren wollen, daß Ihr Welpe sich damit beschäftigt.

Für Ersatz sorgen. Vögel müssen fliegen, Fische müssen schwimmen, und junge Hunde brauchen etwas, auf dem sie herumkauen können. Geben Sie Ihrem Welpen etwas, das er bearbeiten darf.

In Zoogeschäften gibt es Unmengen von Hundespielzeug, das sich auch zum Kauen eignet. Kaufen Sie aber nicht zuviel davon. Ihr Hund muß wissen, was er benagen darf und was nicht, und das kann er nur verstehen, wenn die Auswahl nicht allzu groß ist.

Führen Sie ihn auf die richtige Fährte. Wenn Sie sichergehen wollen, daß sich der Hund tatsächlich mit seinem Spielzeug beschäftigt (und Ihre Sachen in Ruhe läßt), müssen Sie etwas nachhelfen. Tränken Sie das Spielzeug mit Fleischbrühe oder bestreichen Sie es mit etwas Leberwurst.

Nachhilfe. Wenn Sie Ihren Welpen mit etwas erwischen, das ihm nicht gehört, sagen Sie laut „Nein!“. Dann geben Sie ihm etwas, auf dem er herumbeißen darf, und loben ihn ausgiebig, wenn er darauf eingeht.

Nicht nachtragend sein. Alle Hunde machen Fehler, und wenn Sie eines Tages nach Hause kommen und von Ihren Wildlederhandschuhen nur noch Fetzen finden, schimpfen Sie nicht – es sei denn, Ihr Hund zerrt immer noch an den Überresten herum. Andernfalls würde er nicht verstehen, warum Sie ihn anschreien.

Spielstunden. Hunde, die viel Aufmerksamkeit bekommen, neigen gewöhnlich nicht dazu, etwas zu zerstören. Hunde lieben es zum Beispiel, einem Ball hinterher zu jagen, und wenn sie müde werden, schlafen sie zufrieden ein.

Den Schmerz auf Eis legen. Geben Sie Ihrem Hund einen Eiswürfel, auf dem er herumkauen kann. Das Eis lindert die Schmerzen und hält den jungen Hund davon ab, sich etwas anderes zum Kauen zu suchen.

Noch mehr Eis. Haben Sie das Gefühl, daß der Zahnwechsel Ihrem Hund Schmerzen bereitet? Machen Sie einen Knoten in die Ecke eines nassen Geschirrtuchs und legen Sie es in den Gefrierschrank. Wenn es gefroren ist, lassen Sie Ihren Hund darauf herumkauen. Durch die Kälte wird sein Zahnfleisch taub, und die Schmerzen verschwinden für kurze Zeit.

Das Zahnfleisch massieren. Auch eine Zahnfleischmassage lindert die Beschwerden des Zahnwechsels.

Setzen Sie sich schräg hinter Ihren Hund, halten Sie mit einer Hand sein Kinn und streicheln Sie mit einem Finger der anderen das geschlossene Maul. Nach einigen Minuten können Sie auch die Lippe etwas anheben und das Zahnfleisch in Unter- und Oberkiefer mit leichtem Druck massieren.

Zecken

Zehn Methoden, sich der Blutsauger zu erwehren

Sie saugen Blut von jedem, den sie erwischen, und verbringen einen Großteil ihres Lebens damit, sich mit ihren Mundwerkzeugen in ihre warmblütigen Opfer zu verbeißen. Außerdem übertragen sie neben der gefürchteten Zeckenenzephalitis auch Borreliose. Nach einer ausgiebigen Blutmahlzeit vergrößert sich ihr Umfang auf das Fünfzigfache.
Es gibt jedoch ein paar Möglichkeiten, die gefährlichen Schmarotzer fernzuhalten.

Rasen mähen. Zecken halten sich mit Vorliebe im hohen Gras und Unkraut in der Nähe von Wegen und Straßen auf. Dort warten sie auf einen nichtsahnenden Blutspender – zum Beispiel Ihren Hund.

Wann muß der Hund zum Tierarzt?

Sind Sie mit Ihrem Hund das ganze Wochenende durch Feld und Wald gestreift?
Wenn er nach solchen Abenteuern nicht mehr frißt, Gelenkschmerzen hat, unter Fieber oder Durchfall leidet oder womöglich teilweise gelähmt ist, müssen Sie sofort mit ihm zum Tierarzt.
Zecken können eine Reihe von Krankheiten übertragen, die diese und andere Symptome hervorrufen. So kann zum Beispiel ein Gift aus den Speicheldrüsen der Zecke die sogenannte Zeckenlähme verursachen, bei der zunächst das Hinterteil und schließlich der ganze Körper des Hundes immer schwächer werden.
Andere von Zecken übertragene Krankheiten sind Borreliose, Hirnhautentzündung und Rickettsiose. Diese gefährlichen Krankheiten sind jedoch heilbar, wenn sie schon im Anfangsstadium mit Antibiotika bekämpft werden. Auch wenn Sie am Körper Ihres Hundes keine Zecke finden, sollten Sie ihn zum Tierarzt bringen, wenn verdächtige Symptome auftreten. Manche Zecken sind so klein, daß Sie nie ausschließen können, daß Ihr Hund nicht doch irgendwo eine hat. Mit Zeckenbissen ist nicht zu spaßen – fahren Sie lieber einmal zu oft zum Tierarzt als einmal zu wenig.

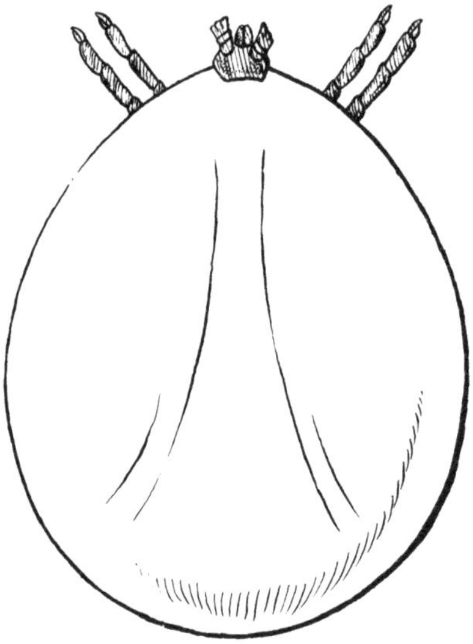

Hungrige Zecken können extrem klein sein, mit Blut vollgesogen sind sie aber nicht mehr zu übersehen.

Wenn Sie Gras und Unkraut abmähen, bevor es über Knöchelhöhe wächst, sind die Zecken im Nachteil. Sie haben keine guten Aussichtspunkte mehr und weniger Chancen, sich ein Opfer zu suchen.

Die Nahrungsgrundlage entziehen. Ausgewachsene Zecken bevorzugen große Opfer, doch die Jungtiere saugen Blut bei Mäusen und anderen Nagetieren. Wenn es Ihnen also gelingt, die Nager von Ihrem Grundstück zu vertreiben, werden Sie gleichzeitig auch einen Teil der Zecken los.

Lichten Sie Gestrüpp aus, entfernen Sie Steinhaufen und lassen Sie keine Müllbeutel neben der Abfalltonne liegen. Außerdem empfiehlt es sich, Feuerholz in einiger Entfernung vom Haus zu stapeln und Vogelhäuschen mäusesicher aufzuhängen.

Ausgetretenen Pfaden folgen. Lassen Sie Ihren Hund bei Ausflügen in Wald und Feld nicht abseits der Wege herumstreifen, wo die Zecken lauern.

Vorbeugung. Schützen Sie Ihren Hund vor dem Ausflug in ein Zeckengebiet durch Spray, Flohbad oder -puder vor dem Angriff der Blutsauger.

Nach ungebetenen Gästen suchen. Nach dem Spaziergang sollten Sie Ihren Hund gründlich nach Zecken absuchen. Manche Zeckenarten sind nicht zu übersehen, es gibt jedoch auch welche, die kaum größer sind als der Punkt am Ende dieses Satzes. Sie müssen genau hinsehen und jeden Zentimeter Haut abtasten, um alle zu erwischen.

Zecken bevorzugen den Hals und Brustbereich des Hundes und setzen sich auch gern an den Seiten des Kopfes fest.

Das Ungeziefer auskämmen. Wenn Sie Zecken entdecken, die sich noch nicht festgebissen haben, kämmen Sie sie mit einem feinzinkigen Flohkamm aus.
Keine Zeit verlieren. Wenn Sie eine Zecke entdecken, die sich schon festgebissen hat, müssen Sie sie möglichst schnell entfernen. Je länger sie saugt, desto größer ist die Gefahr, daß sie Borreliose überträgt.
Nicht mit dem Feuer spielen. Vergessen Sie die alten Hausmittel vom Ausbrennen der Zecke mit einem Streichholz oder einer brennenden Zigarette. Zum einen funktioniert es nicht, und zum anderen können Sie Ihrem Hund damit eine böse Brandwunde zufügen.
Vorsichtig ziehen. Am besten nehmen Sie eine Pinzette, packen die Zecke damit so dicht am Kopf wie möglich und ziehen sie vorsichtig heraus. Bei dieser Vorgehensweise kann es nicht passieren, daß der Kopf abreißt und in der Haut steckenbleibt.
Entsorgung. Wenn Sie die Zecke herausgezogen haben, werfen Sie sie nicht einfach in den Müll oder in die Toilette. Das Herausziehen bringt die Zecken nicht um, und Sie wollen sicher nicht riskieren, daß die Biester im unpassenden Moment aus Ihrer Toilette gekrabbelt kommen.
Viel sinnvoller ist es, die Zecke in ein Glas fallen zu lassen, das mit Alkohol gefüllt ist. Danach können Sie sie entweder wegwerfen oder sie im Alkohol aufbewahren, um sie Ihrem Tierarzt zu zeigen, falls Ihr Hund krank wird.

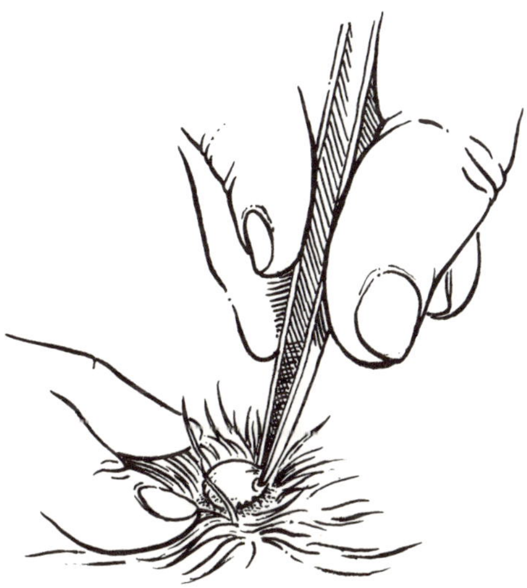

Zum Entfernen packen Sie die Zecke direkt über der Haut mit einer Pinzette.

Dann lassen Sie sie in ein kleines Glas mit Alkohol fallen. Er tötet die Zecke und konserviert sie zugleich, falls der Tierarzt sie auf Krankheitserreger untersuchen muß.

Zerstörungswut

Zehn Tips, die Ihre Einrichtung retten

Er wirft Gegenstände um, zerbeißt Dinge und schläft überall dort, wo er es nicht soll. Und egal, wieviel Spielzeug sie hinlegen, Ihr Hund spielt nur mit Dingen, die Ihnen heilig sind. Ständig schlägt er seine Zähne in Ihr neues Sofa. Wenn Sie Ihren Hund schon seit frühester Jugend haben, werden Sie wissen, was für Zerstörungen ein junges Tier anrichten kann. Doch auch ältere Hunde vergessen manchmal, was sie dürfen und was nicht. Woran liegt das? Das meiste entspringt dem ganzen normalen Hundeverhalten – das Problem ist nur, daß dieses Verhalten in der falschen Umgebung auftritt. Für einen Hund ist es ganz normal, auf etwas herumzukauen, und ihm ist es gleichgültig, ob er auf einem Knochen kaut oder an einem Tischbein.
Die meisten Hunde lernen jedoch recht schnell, und mit gesundem Menschenverstand und einigen einfachen Trainingstips können Sie ihre Energie in weniger zerstörerische Bahnen lenken.

Sorgen Sie für Spielzeug. Welpen brauchen im Zahnwechsel unbedingt etwas, auf dem sie herumkauen können, doch auch ausgewachsene Hunde freuen sich über Spielzeug – vor allem, wenn Sie nicht da sind, um mit ihnen zu spielen. Am liebsten mögen sie Spielsachen, auf denen man nach Herzenslust herumkauen kann. Sparen Sie nicht mit Lob, wenn sich der Hund mit den ihm zugedachten Spielsachen beschäftigt.
Machen Sie Unterschiede. Wenn Sie Ihrem Hund einen alten Turnschuh zum Spielen geben, brauchen Sie sich nicht zu wundern, wenn er auch Ihre neuen Tennisschuhe als erlaubtes Spielzeug ansieht.
Unarten im Keim ersticken. Wenn Sie auch nur einmal zulassen, daß Ihr Hund sich an Ihrem Mobiliar vergreift, wird er es immer wieder tun. Wenn Sie ihn bei etwas erwischen, das er nicht soll, sagen Sie streng „Nein" und versuchen Sie, ihn mit einem Spielzeug abzulenken.
Umstellen oder verlieren. Ähnlich wie Kinder kommen auch Hunde manchmal auf dumme Gedanken – auf Kosten Ihres Mülleimers oder Ihrer Zimmerpflanzen. Die beste Methode, den Müll im Eimer und die Pflanzen im Topf zu behalten, ist, sie für den Hund unerreichbar aufzustellen. Vielleicht möchten Sie den Mülleimer gern in der Küche stehenlassen, aber wenn Sie es satt haben, ständig seinen Inhalt vom Fußboden aufzusammeln, wird Ihnen nichts anderes übrigbleiben, als ihn in einem Schrank zu verstecken.

Letzter Ausweg: Die Elektronik. Wenn Ihr Hund sich an Ihren Möbeln vergreift, sobald Sie aus dem Haus sind, können Sie versuchsweise Bewegungsmelder installieren, die einen Alarm auslösen. Das funktioniert bei Hunden recht gut, denn sie hassen Lärm und werden sofort die Flucht ergreifen, wenn der Alarm ertönt. Bewegungsmelder und Alarmgeber bekommen Sie in Baumärkten und im Elektrofachhandel.

Geben Sie ihm ein eigenes Zimmer. Wenn Ihr Hund nur Unsinn macht, wenn Sie nicht zuhause sind, sperren Sie ihn in ein hundesicheres Zimmer. In ihm darf er keinen Zugang zu elektrischen Kabeln, Haushaltschemikalien oder anderen gefährlichen Dingen haben.

Schimpfen Sie sofort – oder gar nicht. Wenn Sie Ihren Hund nicht innerhalb weniger Sekunden ausschimpfen oder loben, wird er nicht wissen, wofür Strafe oder Lob eigentlich waren. Wenn Sie ihn bei etwas erwischen, das verboten ist, sagen Sie streng „Nein“. Irgendwann wird er es begreifen.

Den Geschmack verbessern. Sie möchten, daß Ihr Hund sein Kauspielzeug Ihren italienischen Schuhen vorzieht? Dann müssen Sie das Spielzeug attraktiver machen. Hunde mögen den Geschmack von Öl, Knoblauchsalz, Fleisch und Käse. Besprühen Sie Stoffreste mit Speiseöl und streuen Sie etwas Knoblauchsalz darüber. Oder kaufen Sie ein hohles Kauspielzeug und füllen Sie es mit Hundefutter oder Schmelzkäse.

Gute Erinnerungen zurücklassen. Begeht Ihr Hund die schlimmsten Untaten, wenn Sie nicht zuhause sind? Versuchen Sie, ihn glücklich und zufrieden zu machen, bevor Sie das Haus verlassen. Streicheln Sie seinen Bauch oder lassen Sie ihn einfache Kommandos ausführen und belohnen Sie ihn dafür mit einem Leckerbissen.

Wenn Ihr Hund dann glücklich und zufrieden aussieht, holen Sie Ihre Tasche. Wird er daraufhin wieder nervös, nehmen Sie sich noch ein paar Minuten Zeit, ihn wieder zu beruhigen. Dann verlassen Sie das Haus. Mit etwas Glück fühlt Ihr Hund sich so sicher, daß er nicht in die Versuchung gerät, seine Frustration an Ihren Möbeln auszulassen. Um mit dieser Methode Erfolg zu haben, müssen Sie zwar eine halbe Stunde früher aufstehen, doch das lohnt sich, wenn es klappt.

Gesellschaft ins Haus holen. Wenn Ihr Hund sich am schlimmsten aufführt, wenn Sie außer Haus sind, braucht er vielleicht Gesellschaft. Deswegen brauchen Sie sich jedoch keinen zweiten Hund anzuschaffen. Vielleicht gibt es in der Nachbarschaft jemanden, der seinen Hund auch tagsüber allein lassen muß. Dann könnten die Tiere den Tag zusammen verbringen – mal bei Ihnen und mal beim Nachbarn.

Wenn das nicht möglich ist, findet sich in der Nachbarschaft vielleicht ein Kind, das gegen ein kleines Taschengeld bereit ist, nach der Schule mit Ihrem Hund spazierenzugehen.

Zwingerhusten

Sechs Strategien zur Behandlung der Infektion

Sie waren überzeugt, Ihren Hund für die Dauer Ihres Urlaubs in gute Hände gegeben zu haben, doch jetzt hat er einen trockenen, scharfen Husten, der sich beinahe anhört wie Raucherhusten.
Vermutlich hat er sich einen Zwingerhusten eingefangen – eine durch ein Virus ausgelöste Form der Bronchitis, die hochansteckend ist.
Die Krankheit erhielt ihren Namen, weil sie in der Vergangenheit häufig in den Zwingern von Hundepensionen oder anderen Einrichtungen auftrat, in denen wechselnde Bestände gehalten wurden. Heute verlangen fast alle dieser Einrichtungen einen Impfnachweis, bevor sie einen Hund aufnehmen. Die Hunde können sich jedoch nicht nur in der Pension infizieren, sondern auch auf der Straße beim Kontakt mit einem anderen Hund.
Dem Zwingerhusten läßt sich zwar durch eine Schutzimpfung vorbeugen, aber falls Ihr Hund doch erkrankt, können Sie einiges tun, damit er schnell wieder auf die Beine kommt.

Wann muß der Hund zum Tierarzt?

Oft verschwindet der Zwingerhusten nach sieben bis zehn Tagen von selbst, doch manchmal verschlimmert er sich auch. Im schlimmsten Fall ist eine Lungenentzündung die Folge, bei der der Hund weißen Schaum aushustet.
Ihr Tierarzt wird Medikamente gegen den Husten verschreiben und Antibiotika und entzündungshemmende Mittel geben.
Wenn Sie nicht sicher sind, ob Ihr Hund zum Tierarzt muß, messen Sie seine Temperatur. Dazu bestreichen Sie die Spitze des Thermometers mit Vaseline, führen sie in den After ein und halten es zwei bis drei Minuten lang fest. Die normale Temperatur liegt zwischen 38 und 39 °C. Ist die Temperatur erhöht, kann das Tier ernsthaft krank sein und sollte zum Tierarzt gebracht werden.
Auch wenn der Husten von Appetitlosigkeit begleitet wird, sollten Sie nicht zögern, Ihren Hund zum Tierarzt zu bringen.

Die Diagnose stellen

Wie Menschen husten auch gesunde Hunde gelegentlich. Tierärzte kennen jedoch einen Trick, mit dem sich belanglose Huster von gefährlichen Infektionen wie dem Zwingerhusten unterscheiden lassen.
Drücken Sie vorsichtig auf die Vorderseite der Luftröhre. Wenn der Hund daraufhin hustet, ist er an Zwingerhusten erkrankt. Das Virus siedelt sich bevorzugt in der Schleimhaut der Luftröhre an.
Wenn Ihr Hund keinen Zwingerhusten hat, wird nichts passieren, wenn Sie die Luftröhre drücken.

Um Zwingerhusten nachzuweisen, drücken Sie direkt über dem Halsband auf die Kehle des Hundes. Wenn er daraufhin einen Hustenanfall bekommt, kann es sich um Zwingerhusten handeln.

Für saubere Luft sorgen. Zigarettenrauch, der Qualm aus einem Ofen oder Dämpfe von Reinigungsmitteln sind Gift für einen Hund mit einer Atemwegserkrankung.
Die Luft befeuchten. Hohe Luftfeuchtigkeit wirkt lindernd auf die gereizten Atemwege. Schaffen Sie sich einen Luftbefeuchter an und nehmen Sie Ihren Hund mit ins Badezimmer, wenn Sie baden.
Leichte Bewegung hilft. Wenn Ihr Hund hustet und schlecht Luft bekommt, kann ihm vielleicht ein langsamer Spaziergang helfen. Achten Sie aber darauf, ihn nicht zu überanstrengen. Auch auf das Würgehalsband sollten Sie in dieser Zeit verzichten.
Kontakt vermeiden. Da Zwingerhusten ansteckend ist, sollten Sie aufpassen, daß Ihr Hund keinen Kontakt zu fremden Artgenossen aufnimmt.
Vorbeugen ist besser als heilen. Um die Gefahr einer Ansteckung möglichst gering zu halten, sollten Sie Ihren Hund nie in einer Pension unterbringen, die keinen Impfnachweis verlangt, und natürlich auch darauf achten, daß Ihr eigener Impfpaß auf dem neuesten Stand ist.

Index

Originaltitel: The Doctors Book of Home Remedies for Dogs and Cats
Zuerst veröffentlicht 1996 durch Rodale Press Inc.

Deutsche Erstausgabe

Textauswahl aus der englischen Originalausgabe zum Thema „Hunde" durch Weltbild Verlag GmbH, Augsburg

Produktion der deutschen Ausgabe:
Paxmann/Teutsch *Buchprojekte*, München
Übersetzung: Simone Wiemken, Oldendorf/Luhe
Redaktion: Paxmann/Teutsch *Buchprojekte*, Johanna Brechtken
Umschlaggestaltung: Paxmann/Teutsch *Buchprojekte*, Christine Paxmann
Umschlagmotiv: Mischlingswelpe/© VCP, Bavaria
DTP-Satz: Paxmann/Teutsch *Buchprojekte*, Michael Schmidt
Gesamtherstellung: Westermann Druck Zwickau GmbH
Printed in Germany
ISBN 3-8289-1530-2

Hinweis:
Dieses Buch ersetzt nicht den Tierarzt. Die in ihm enthaltenen Informationen sollen den Tierhalter lediglich in die Lage versetzen, den Gesundheitszustand seines Haustieres zu beurteilen. Die in diesem Buch beschriebenen Behandlungsmethoden dürfen eine vom Tierarzt verordnete Behandlung nicht ersetzen. Beim Auftreten von Krankheitssymptomen empfehlen wir jedem Tierhalter dringend, einen Tierarzt aufzusuchen.

Quellen

Lowell Ackerman, Tierdermatologe und Autor, Scottsdale, Arizona

Robert K. Anderson, Professor der Veterinärmedizin und Verhaltensforscher an der University of Minnesota, Minneapolis-St. Paul

Susan E. Anderson, Tierärztin und Ausbilderin an der University of Florida College of Veterinary Medicine in Gainesville

Kathe Barsotti, Tierpflegerin in Sterling, Virginia

Gary Beard, Dekan an der Auburn University College of Veterinary Medicine in Alabama

Stephen Blake, Tierarzt in San Diego, California

Lynda Bond, Tierärztin in Cape Elizabeth, Maine

William G. Brewer, Arzt an der Tierklinik der Auburn University College of Veterinary Medicine, Alabama

James Buchanan, Professor für Kardiologie an der University of Pennsylvania School of Veterinary Medicine in Philadelphia

Marilyn Burleson, Tierpflegerin in Fountain Valley, California

C. B. Chastain, Dekan und Professor an der University of Missouri College of Veterinary Medicine in Columbia

Janet R. Childs, Tierärztin in Fairview, Tennessee

Mark Coleman, Tierarzt und Präsident der American Heartworm Society Gainesville, Florida

E. A. Corley, Präsident der Orthopedic Foundation for Animals in Columbia, Missouri

Susan M. Cotter, Medizinerin an der Tufts University School of Veterinary Medicine in North Crafton, Massachusetts

William Crane, Veterinär in Colmar, Pennsylvania

Robert Cross, Veterinärmediziner und ehem. Präsident der Oklahoma Veterinary Medical Association, Duncan

Bernadine Cruz, Tierärztin in Laguna Hills, California

James B. Dalley, Professor für Veterinärmedizin, Michigan State University College, East Lansing

Lisa Degen, Tierärztin in Las Vegas und Präsidentin der Palm Beach Veterinary Society, Florida

Nicholas Dodman, Professor an der Tufts University School of Veterinary Medicine in North Crafton, Massachusetts

Albert S. Dorn, Professor an der Tennessee College of Veterinary Medicine in Knoxville

Laura Downey, Dozentin an der Purdue University School of Veterinary Medicine in West Lafayette, Indiana

Margret English, Verhaltenslehrerin in Somers, New York

Jeffrey Feinman, Tierarzt in Weston, Connecticut

Andrea Fochios, Tierärztin in Ferndale, New York

William D. Fortney, Arzt an der Tierklinik der Kansas State University College of Veterinary Medicine in Manhattan, Kansas

Anitra Frazier, Autorin, New York City

Lisa Freeman, Spezialistin für klinische Studien und Ernährung an der Tufts University School of Veterinary Medicine in North Crafton, Massachusetts

Stephen A. Gargner, Veterinär in Albany, California

Larry Ginsburg, Tierarzt in Baltimore Maryland, spezialisiert auf Neurologie

Bob Gutierrez, Verhaltenstrainer bei der San Francisco Society for the Prevention of Cruelty to Animals

Jan A. Hall, Tierarzt und Dermatologe in Ville St. Laurent, Canada

Mollyann Holland, Veterinärin an der University of Missouri College of Veterinary Medicine in Columbia

David Hammond, Tierarzt und Ernährungsspezialist in Pleasant Hill, Oregon

David E. Harling, Veterinär, Spezialgebiet Orthopädie und Augenheilkunde in Greensboro, North Carolina

Lee Harris, Veterinär in Federal Way, Washington

Douglas J. Heacock, Veterinär in Madison, New Jersey

Charles W. Hickey, Tierarzt in Richmond, Virginia

Robert Hilsenroth, Direktor der Morris Animal Foundation in Englewood, Colorado

Howard Hollander, Veterinär in Brooklyn, New York

Jim Humphries, Veterinär und Autor, Dallas Texas

Wayne Hunthausen, Präsident der American Veterinary Society of Animal Behavior und Autor, Westwood Kansas

Waldo Keller, Tierarzt mit dem Spezialgebiet Augenheilkunde mit Praxen in Ohio, Michigan und Kentucky

M. Lynne Kesel, Ärztin an der Colorado State University College of Veterinary Medicine and Biomedical Sciences in Fort Collins

Deva Khalsa, Tierärztin und Akupunkteurin, Yardley Pennsylvania

Veronika Kiklevich, Ausbilderin an der Washington State University College of Veterinary Medicine in Pullman

Karen Kline, Neurologe und Professor an der Iowa State University in Ames

D. J. Krahwinkel, Jr., Professor an der University of Tennessee College of Veterinary Medicine in Knoxville

George Lees, Tierarzt spezialisiert auf Urologie an der Texas A&M University School of Veterinary Medicine in College Station

Michael Lemmon, Tierarzt in Renton, Washington

James D. Lincoln, Professor und Leiter des Tierärztlichen Notdienstes an der Washington State University College of Veterinary Medicine in Pullman

Meryl Littman, Tiermedizinerin an der University of Pennsylvania, School of Veterinary Medicine, Philadelphia

John MacDonald, Professor für Tierdermatologie an der Auburn University, Alabama

Carol Macherey, Veterinärin in Nashville, Tennessee

Clayton MacKay, Direktor der Tierklinik an der Ontario University of Guelph, Canada

Lisardo J. Martinez, Veterinär in Miami Florida

Vicki N. Meyers-Wallen, Professorin für Anatomie und Geburtshilfe an der Cornell University College of Veterinary Medicine in Ithaca, New York

Kathryn Michel, Wissenschaftlerin und Ernährungsexpertin an der University of Pennsylvania, School of Veterinary Medicine Philadelphia

William H. Miller, Jr., Professor für Tiermedizin an der Cornell University Ithaca, New York

Robert A. Montgomery, Veterinär in New Philadelphia, Ohio